Arun Prasath R
Ganesh Kumar P

Desempenho e análise da execução de tarefas fora de ordem em MPSoCs

Arun Prasath R
Ganesh Kumar P

Desempenho e análise da execução de tarefas fora de ordem em MPSoCs

Perspetiva de investigação

ScienciaScripts

Cover image: www.ingimage.com

This book is a translation from the original published under ISBN 978-3-659-82759-4.

Publisher:
Sciencia Scripts
is a trademark of
Dodo Books Indian Ocean Ltd. and OmniScriptum S.R.L publishing group

120 High Road, East Finchley, London, N2 9ED, United Kingdom
Str. Armeneasca 28/1, office 1, Chisinau MD-2012, Republic of Moldova, Europe
Printed at: see last page
ISBN: 978-620-8-35383-4

RECONHECIMENTO

Escrever uma monografia é uma gota de água de uma viagem contínua de investigação. A viagem da investigação não é solitária; é uma viagem de mil quilómetros que envolve muitos desafios e muitas grandes mentes. É um prazer agradecer a todos os que tornaram possível esta monografia, como a minha família, que me deu o apoio moral de que necessitei, e o meu colaborador no projeto, **o Sr. R. Arun Prasath**, que me ajudou com o material de investigação. Estou grato à Editora Académica LAP LAMBERT e gostaria de agradecer à equipa de edição liderada por Tatiana Melnic. Estou muito grato à direção e ao diretor do K.L.N College of Engineering, Sivagangai, por me terem dado a grande oportunidade de escrever esta monografia.

Dr. P. GANESHKUMAR

DEDICAÇÃO

Para os meus pais

ÍNDICE DE CONTEÚDOS

CAPÍTULO 1
NECESSIDADE DE UM SISTEMA MULTIPROCESSADOR EM PASTILHA EM VLSI

A maioria dos sistemas incorporados recentes baseia-se em arquitecturas MPSOC (Multi Processors System on Chip). Isto explica-se pela possibilidade que oferece este tipo de arquitecturas, uma vez que melhora os desempenhos duplicando as unidades de computação no mesmo chip. Além disso, esta tendência é impulsionada pelos avanços tecnológicos que permitem uma escala de integração muito grande (VLSI), necessária para o fabrico de MPSOC. Consequentemente, o desafio para os MPSOC mudou: agora, a capacidade de cálculo e o número de processadores no mesmo chip estão a aumentar cada vez mais e tornam-se frequentemente superiores às necessidades. A prioridade passou então a ser a comunicação e a sincronização entre esses processadores, a fim de garantir um melhor desempenho de todo o sistema. Deste modo, foram propostas várias arquitecturas para aspectos dos MPSOC existentes: Em primeiro lugar, são abordadas as topologias e as interligações dentro dos sistemas multiprocessadores, com comparações entre comunicações baseadas em P a P (Point To Point), barramentos e NOCs (Networks on Chip). A fim de proporcionar um melhor desempenho, introduzimos finalmente uma nova arquitetura de execução de tarefas fora de ordem (OoO) em MPSoCs [1]. Este método foca-se apenas na lógica baseada em fuzzy para aceder ao MPSoC que está presente no middleware. Esta análise aumenta a velocidade da operação e reduz a área e a potência consumidas.

CAPÍTULO 2
O OBJECTIVO DA MPSoC

O objetivo do desenvolvimento de sistemas em pastilha (SoC) modernos está a evoluir para uma conceção baseada em multiprocessadores. Os sistemas incorporados evoluíram de uma abordagem uniprocessador para uma abordagem multiprocessador, procurando um melhor desempenho e um menor consumo de energia. É amplamente aceite que os sistemas multiprocessadores em pastilha (MPSoC) se tornarão a classe predominante de sistemas incorporados no futuro. Além disso, os avanços na tecnologia FPGA tornam possível a implementação de sistemas multiprocessadores completos numa única FPGA. Isto permite a rápida conceção, implementação e ensaio de novos dispositivos. Nos SoC em que vários subsistemas estão ligados entre si, verifica-se que se perde muito tempo de projeto a resolver o problema da comunicação inter-subsistemas (global) [2], [3]. O método proposto fornece um novo método de exploração de comunicação baseado numa exploração de níveis de multi-abstração. Com este trabalho, a estrutura de comunicação inter-subsistemas pode ser optimizada no início do processo de conceção, utilizando a programação lógica difusa. Aqui desenha-se um middleware hierárquico com um motor de execução OoO (Out-of-Order) de nível de tarefa automático.

CAPÍTULO 3
ANTECEDENTES DO MPSoC

System-on-a-chip ou system on chip (SoC ou SOC) refere-se à integração de todos os componentes de um computador ou de outro sistema eletrónico num único circuito integrado (chip). Pode conter funções digitais, analógicas, de sinal misto e, frequentemente, de radiofrequência - tudo num único substrato de circuito integrado. Uma aplicação típica é na área dos sistemas incorporados.

3.1 Visão geral do SoC

Nos últimos 20 anos, os projectos de circuitos integrados têm elementos de conceção. Num fluxo de estilo ASIC, que envolve a síntese lógica RTL e a colocação e encaminhamento automatizados de células normalizadas, a abstração da reutilização tem sido ao nível da célula básica, em que uma célula representa algumas portas de módulos de complexidade produzidos por geradores ou manualmente, como memórias, etc., tem sido comum.

A conceção de SoC tem implicado a reutilização de elementos mais complexos a níveis de abstração mais elevados. A conceção baseada em blocos, que implica o particionamento, a conceção e a montagem de SoC através de uma abordagem hierárquica baseada em blocos, tem utilizado o bloco de propriedade intelectual (IP) como elemento básico reutilizável. Pode ser uma função de interface, como um bloco de interface de barramento PCI ou 1394; um descodificador MPEG2 ou MP3; uma implementação de encriptação ou desencriptação de dados, como um bloco DES (Digital Encryption Standard), ou qualquer outra função complexa.

Recentemente, surgiu a abordagem de conceção baseada em plataformas para a conceção de SoC. Esta abordagem surgiu em aplicações de consumo, como os telemóveis sem fios e os descodificadores. Elaborando os conceitos apresentados, podemos definir uma plataforma como uma família coordenada de arquitecturas de hardware-software, que satisfazem um conjunto de restrições arquitectónicas, impostas para permitir a reutilização de componentes de hardware e de software. Chamamos a isto uma plataforma de sistema. Numa base mais pragmática, uma plataforma é uma coleção de blocos de IP de hardware e software, juntamente com uma arquitetura de comunicações no chip (barramentos no chip, pontes, etc.), que normalmente inclui pelo menos um processador, um sistema operativo em tempo real (RTOS), blocos de interface periféricos, possíveis blocos de hardware de aceleração para funções especializadas, middleware e a opção de personalizar a plataforma para aplicações específicas através da retirada de blocos de IP de hardware e software de bibliotecas. Os trabalhos recentes em plataformas altamente programáveis, que consistem em lógica reconfigurável e núcleos de processador fixos, centraram a atenção em questões de SW incorporado [4].

Essencialmente, existe apenas um número limitado de soluções de conceção fundamentalmente boas para os problemas colocados por um determinado domínio de aplicação. Uma aplicação capta uma ou várias boas arquitecturas relacionadas, que são opcionais para um domínio de aplicação, e permite a sua reutilização efectiva de uma forma de baixo risco com uma rápida colocação no mercado. A partir da plataforma de base, podem ser criados rapidamente vários projectos de SoC derivados e com muito menos esforço do que com uma abordagem baseada em blocos.

Os domínios de importância incluem:

- Processo de conceção
- Conceção do sistema
- Conceção de chips de hardware
- Verificação funcional
- Analógico / Sinal misto
- Infra-estruturas

3.2. Conceitos de rede em circuito integrado (NoC)

Network-on-Chip ou Network-on-a-Chip (NoC) é uma abordagem para conceber o subsistema de comunicação entre núcleos IP num System-on-a-Chip (SoC). As NoC podem abranger domínios de relógio síncronos e assíncronos ou utilizar lógica assíncrona sem relógio. As NoC aplicam a teoria e os métodos de ligação em rede à comunicação na pastilha e trazem melhorias notáveis em relação às interligações convencionais de barramento e barra transversal. A NoC melhora a escalabilidade dos SoCs e a eficiência energética dos SoCs complexos em comparação com outras concepções.

3.2.1. Porquê a NOC?

> Partilha eficiente de fios

> Menor área / menor potência / funcionamento mais rápido

> Tempo de conceção mais curto, menor esforço de conceção

> Escalabilidade

> Permitir a utilização de circuitos personalizados para a comunicação

3.2.2. Fluxo NOC

> A unidade básica trocada pelos pontos finais é o PACOTE

> Pacotes divididos em muitos FLITs

- -unidade de controlo de fluxo"

- Normalmente, # bits = # fios em cada ligação (variações)

- Contém normalmente alguns bits de identificação, necessários a cada comutador ao longo do percurso:

> Cabeça / corpo / cauda

> VC #

> SL #

> Os FLITs são normalmente enviados em sequência, formando um -wormll going through wormhole.

> Ao contrário dos worms vivos, os FLITs de diferentes pacotes podem sair entre si na mesma ligação

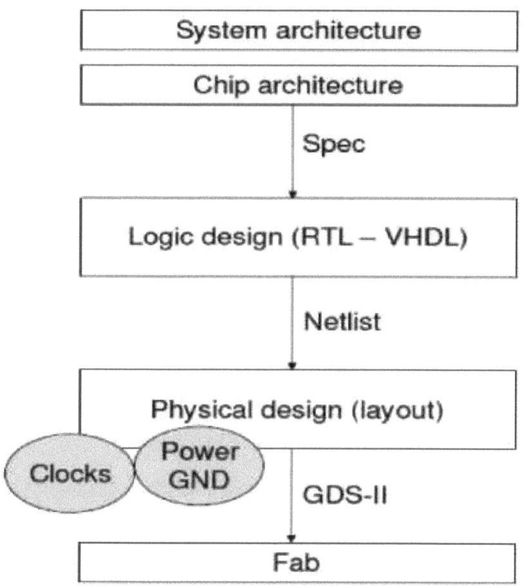

Figura 3.1. Arquitetura NoC

3.3. Introdução ao MPSoC

O Multiprocessor System-on-Chip (MPSoC) é um system-on-a-chip (SoC) que utiliza múltiplos processadores (multi-core), habitualmente direcionado para aplicações incorporadas. É utilizado por plataformas que contêm múltiplos elementos de processamento, habitualmente heterogéneos, com funcionalidades concretas que reflectem as necessidades do domínio de aplicação previsto, uma hierarquia de memória (utilizando frequentemente RAM de bloco de rascunho e DMA) e componentes de E/S. Todos estes componentes estão ligados entre si. Todos estes componentes estão ligados entre si por uma interconexão na pastilha [5]. Estas arquitecturas satisfazem as necessidades de desempenho das aplicações multimédia, das arquitecturas de telecomunicações, da segurança das redes e de outros domínios de aplicação, ao mesmo tempo que reduzem o consumo de energia através da utilização de elementos de processamento e arquitetura especializados. Os MPSoC são multiprocessadores de um só chip concebidos para aplicações incorporadas. Os sistemas multiprocessadores em pastilha (MPSoC) estão previstos como uma solução promissora para estas questões anteriores, uma vez que são arquitecturas de pastilha única constituídas por elementos integrados avançados que actuam entre si a velocidades extremamente elevadas. Aplicações Os sistemas de processamento de sinais impõem restrições físicas aos computadores incorporados, sobretudo em tempo real e com baixo consumo de energia. Várias aplicações de processamento de sinais, como rádio e transmissão de pacotes, são aplicadas em MPSoCs.

Nos uniprocessadores, os pipelines e as caches estão habituados a aumentar o que os arquitectos de computadores chamam de desempenho, ou seja, o desempenho médio. Nos multiprocessadores, as caches e a memória partilhada privilegiam igualmente o modelo de programação e o desempenho médio em relação ao WCET. Os MPSoC são multiprocessadores de chip único destinados a aplicações incorporadas. Os sistemas multiprocessadores em chips (Mpsoc) têm sido propostos como uma resposta garantida para todos estes problemas precursores, uma vez que são arquitecturas de chip único constituídas por partes coordenadas involuntárias que se correspondem entre si a altas velocidades Requisições As estruturas de preparação de sinais impõem obrigações físicas às estações de trabalho inseridas, fundamentalmente tempo válido e baixa potência. Numerosas requisições de preparação de sinais, por exemplo, programação de rádio e visão e som, são actualizadas em MPSoCs. Nos uniprocessadores, os pipelines e as reservas são ajustados para aumentar aquilo a que os modeladores de estações de trabalho chamam "execução", ou seja, a importância da execução normal dos casos. Nos multiprocessadores, os armazenamentos e a memória transmitida também enfatizam o modelo de programação e a execução normal de casos em relação ao WCET.

System-on-Chip ou sistema em chip (Soc ou SOC) refere-se à incorporação de todos os segmentos de uma estação de trabalho ou outra estrutura eletrónica num circuito incorporado solitário (chip). Pode conter capacidades computorizadas, simples, de sinalização combinada e, regularmente, de recorrência de rádio, tudo num único chip [6].

3.3.1. Caraterísticas do MPSoC

> O facto incontroverso de o MPSoC associado poder ser um multiprocessador significa que

> o estilo do software está associado a uma parte inerente do estilo geral do sistema

> o paralelismo é necessário para tirar partido dos recursos de computação existentes no mercado

> O estilo MPSoC é fascinante e difícil porque pode ser uma alteração das disciplinas de hardware e de estilo de pacote

> diferente da programação paralela padrão

- ter a vantagem da integração: medida da informação, latência, maior número de acessos à memória

3.3.2. Exemplo de MPSoC e aplicações

- Motor de emoções da Sony Playstation 2
- 3 processadores (CPU de uso geral, 2 unidades de processamento vetorial)
- Processador CELL da Sony, Toshiba, IBM (Playstation 3)
- 9 processadores (CPU de uso geral, 8 elementos de processamento)
- Nomadik (da ST) para telemóvel Nokia
- ST7200 (da ST) para DVD ou HDTV
- 5 processadores (CPU de uso geral, 4 processadores de sinais digitais)
- DaVinci (Texas Instrument) para câmaras
- 3 processadores (CPU de uso geral, 2 processadores de sinais digitais)
- Diopsis D940 (ATMEL) para sistema de processador paralelo maciço (Petaflop)
- 3 processadores (CPU de uso geral, 1 DSP VLIW, 1 processador de rede) × 2048

3.3.3. Desafios na conceção de MPSoC

- Conceção do hardware
- Conceção de software
- Validação de componentes SW e HW (aqui: simulação)
- Integração HW/SW
- Com as restrições subsequentes
- Restrições de tempo (cálculos em tempo real)
- Energia económica
- Área económica
- Capacidades de associação de E/S

3.4. Arquitetura MPSoC

Uma arquitetura MPSoC típica é apresentada na Figura 3.2.

Processadores RISC ligados por uma rede de interconexão. Cada processador é designado por "processador de nó" ou simplesmente por "nó".

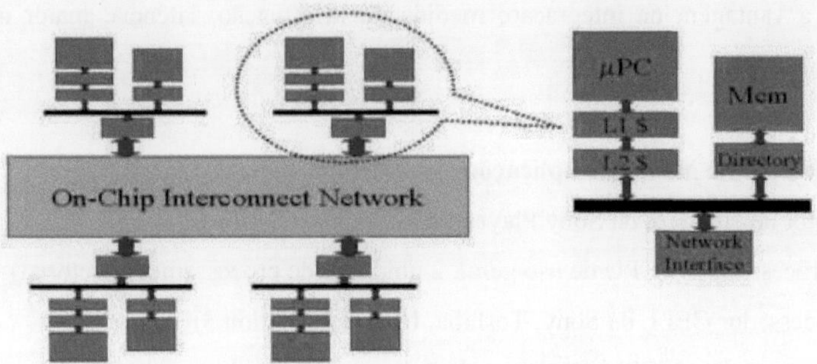

Figura 3.2. Arquitetura MPSoC

Cada nó tem a sua própria CPU/FPU e hierarquia de cache (um nível ou dois níveis de cache). Uma falta de leitura na cache L1 criará um acesso à cache L2 e uma falta na cache L2 necessitará de um acesso à memória. Tanto a L1 como a L2 podem usar write- through ou write-back para actualizações da cache. O MPSoC utiliza memórias partilhadas, as memórias estão associadas a cada nó, mas podem ser fisicamente colocadas num grande bloco de memória. As memórias são endereçadas globalmente e acessíveis pelo diretório de memória. Quando há uma falha no cache L2, o cache L2 envia um pacote de solicitação pela rede pedindo acesso à memória. A memória com o endereço solicitado devolve um pacote de resposta com os dados ao nó requerente. Quando há uma operação de write-through ou write-back da cache, o bloco de cache que precisa de ser atualizado é encapsulado num pacote e enviado para o nó de destino onde reside a memória correspondente. A coerência da cache é uma questão muito crítica nos MPSoC. Como um dado pode ter várias cópias em caches de nós diferentes, quando os dados na memória são actualizados, os dados obsoletos armazenados em cada cache têm de ser actualizados [6]. Existem dois métodos para resolver o problema da coerência da cache:

1) Atualização da cache; actualiza todas as cópias na cache quando os dados na memória são actualizados;

2) Caches invalidate; invalida todas as cópias na cache. Na próxima vez que os dados forem lidos, a leitura tornar-se-á uma falha e, consequentemente, será necessário ir buscar os dados actualizados à memória correspondente. A rede de interligação utiliza normalmente uma topologia em malha ou em toro. A rede efectua o encaminhamento ponto a ponto baseado em pacotes. Os pacotes são encaminhados de uma forma semelhante a um buraco de minhoca. Cada nó pode arbitrar e distribuir os pacotes pelos seus destinos de forma independente.

3.5. Matriz de portas programáveis em campo

Uma matriz de portas programáveis em campo (FPGA) é um circuito integrado concebido para ser configurado por um cliente ou um projetista após o fabrico - daí a designação "programável em campo". A configuração do FPGA é geralmente especificada utilizando uma linguagem de descrição de hardware (HDL), semelhante à utilizada para um circuito integrado de aplicação específica (ASIC) (anteriormente, utilizavam-se diagramas de circuitos para especificar a configuração, tal como para os ASIC, mas isso é cada vez mais raro). Os FPGA contemporâneos dispõem de grandes recursos de portas lógicas e blocos de RAM para implementar cálculos digitais complexos. Dado que os projectos de FPGA utilizam E/S muito rápidas e barramentos de dados bidireccionais, torna-se um desafio verificar a temporização correta dos dados válidos dentro do tempo de configuração e do tempo de retenção. O planeamento do piso permite a atribuição de recursos dentro da FPGA para cumprir estes condicionalismos de tempo. As FPGA podem ser utilizadas para implementar qualquer função lógica que um ASIC possa efetuar [7]. A capacidade de atualizar a funcionalidade após o envio, a reconfiguração parcial de uma parte do projeto e os baixos custos de engenharia não recorrentes em relação a um projeto ASIC (apesar do custo unitário geralmente mais elevado), oferecem vantagens para muitas aplicações.

Os FPGAs contêm componentes lógicos programáveis chamados "blocos lógicos" e uma hierarquia de interconexões reconfiguráveis que permitem que os blocos sejam "ligados entre si" - um pouco como muitas portas lógicas (mutáveis) que podem ser interligadas em (muitas) configurações diferentes. Os blocos lógicos podem ser configurados para executar funções combinatórias complexas ou apenas portas lógicas simples, como AND e XOR. Na maioria dos FPGAs, os blocos lógicos também incluem elementos de memória, que podem ser simples flip-flops ou blocos de memória mais completos. Alguns FPGAs têm caraterísticas analógicas para além das funções digitais. A caraterística analógica mais comum é a taxa de variação programável e a força de acionamento em cada pino de saída, permitindo ao engenheiro definir taxas lentas em pinos ligeiramente carregados que, de outro modo, tocariam ou acoplariam de forma inaceitável, e definir taxas mais fortes e mais rápidas em pinos fortemente carregados em canais de alta velocidade que, de outro modo, funcionariam demasiado lentamente. Outra caraterística analógica relativamente comum são os comparadores diferenciais em pinos de entrada concebidos para serem ligados a canais de sinalização diferencial. Alguns "FPGAs de sinal misto" integraram conversores periféricos analógico-digitais (ADCs) e conversores digital-analógicos (DACs) com blocos de condicionamento de sinal analógico que lhes permitem funcionar como um sistema num chip; estes dispositivos esbatem a linha entre um FPGA.

3.6. Arquitetura do Path Dispatcher

A Figura 3.3 mostra os principais componentes do Path Dispatcher: o contexto do pacote (ou seja, bandeiras e campos de cabeçalho), que é gerado pelo Pré-processador, é armazenado na Memória CTX, uma memória de porta tripla com uma porta de escrita e duas portas de leitura.

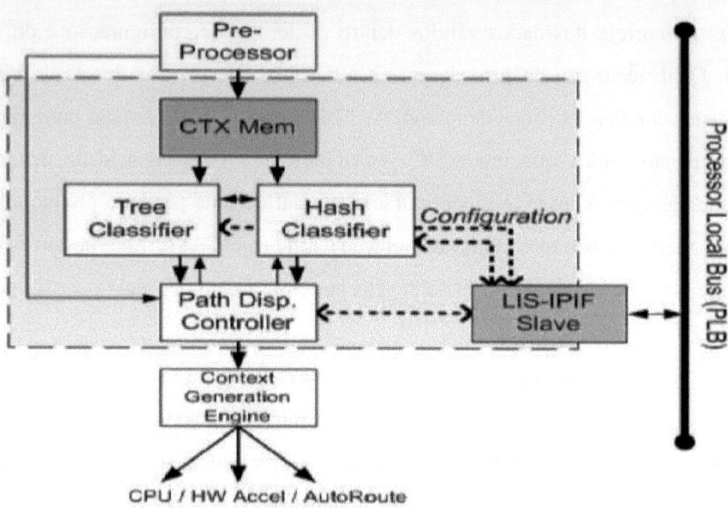

Figura 3.3. Diagrama de blocos da unidade de distribuição de canais horários

No centro do projeto, encontra-se o Classificador de Árvore. Este calcula as variáveis booleanas requeridas pelo nó da árvore atual em duas ALUs (para nós quaternários, ver Figura 3.3) aplicando uma máscara AND à palavra de contexto e comparando-a com o valor especificado na secção de dados do nó da árvore. As operações possíveis são -igual", -menor que", -maior que" e -não igual". Se for especificada uma pesquisa de tabela em vez de uma comparação, o valor mascarado da unidade lógica aritmética (ALU) correspondente será entregue ao bloco Classificador de Hash. O resultado da pesquisa e o sinal de acerto são propagados ao controlador, que determina o ponteiro do nó filho adequado. A fim de reconfigurar a árvore de decisão e as tabelas de hash pela CPU do plano de controlo, uma ligação escrava LIS-IPIF permite o acesso ao barramento PLB central [8].

Embora a maior parte da investigação anterior no domínio dos sistemas multiprocessadores em chip (MPSoC) se tenha dedicado a aumentar a capacidade de processamento disponível num chip, menos se tem dedicado a analisar o seu desempenho a nível do sistema ou a prever o seu comportamento. Este artigo apresenta o PAM-SoC, um preditor de desempenho a nível de sistema para MPSoCs, baseado na adaptação do Pamela, uma ferramenta de previsão de desempenho para aplicações paralelas, aos requisitos dos MPSoCs. Validar a metodologia proposta com um conjunto de cinco aplicações de referência, cujo desempenho é medido no MPSoC alvo e comparado com o comportamento previsto pelo PAM-SoC na mesma plataforma. As experiências mostram que o PAM-SoC é capaz de prever corretamente o comportamento de vários tipos de aplicações executadas num MPSoC.As plataformas MPSoC são um tema quente nas tendências de computação de alto desempenho da indústria, anunciando novas utilizações para técnicas e tecnologias de programação paralela em aplicações em tempo real. O desenvolvimento acelerado de sistemas multiprocessadores em pastilhas centra-se principalmente na obtenção de maior capacidade de processamento na pastilha, aumentando consideravelmente a sua complexidade de hardware. Consequentemente, os condicionalismos do tempo real, juntamente com as limitações específicas do hardware, revelam falhas de desempenho inesperadas que podem ter sido negligenciadas nas fases de conceção. Para as plataformas MPSoC, a avaliação do desempenho baseia-se fortemente em simulações baseadas em traços ou em simulações completas. Este documento apresenta um PAM-SoC, um preditor genérico de desempenho MPSoC que gera estimativas de desempenho ao nível do sistema dentro de limites razoáveis. O PAM-SoC foi desenvolvido com base numa metodologia de previsão de desempenho estático já comprovada para plataformas paralelas de uso geral (GPPPs). O objetivo do Pamela é calcular o limite inferior do tempo de execução de uma dada aplicação, implementada utilizando o paradigma de programação Série-Paralela (SP), acoplando o seu modelo ao modelo da máquina visada. O problema da classificação de pacotes não é novo, tendo ganho uma atenção crescente desde o advento de novas aplicações sensíveis à qualidade de serviço (QoS) na Internet durante e após o "boom da nova economia" no final da década de 1990. Desde então, foram introduzidos vários algoritmos de hardware e software que se ocupam da tarefa de separar diferentes classes de serviços no equipamento de rede e de lhes dar um tratamento específico para cada aplicação no que respeita a enfileiramento, encaminhamento, modelação do tráfego, etc. A arquitetura do processador de rede proposta em também exige a classificação dos pacotes; no entanto, os fluxos de pacotes são atribuídos a diferentes vias de processamento em função da aplicação e dos requisitos de processamento. Para atribuir os pacotes aos diferentes caminhos (ver Figura 3.4), uma unidade de hardware proposta, denominada Path Dispatcher, tem de classificar os pacotes que chegam em tempo real [9]. Em seguida, eles são distribuídos para as várias filas de entrada ou para o caminho AutoRoute, que é um caminho de encaminhamento direto do hardware para as portas de saída. Embora a função de despacho possa ser vista como uma tarefa de classificação de pacotes, ela tem seus próprios requisitos e restrições específicos do domínio.

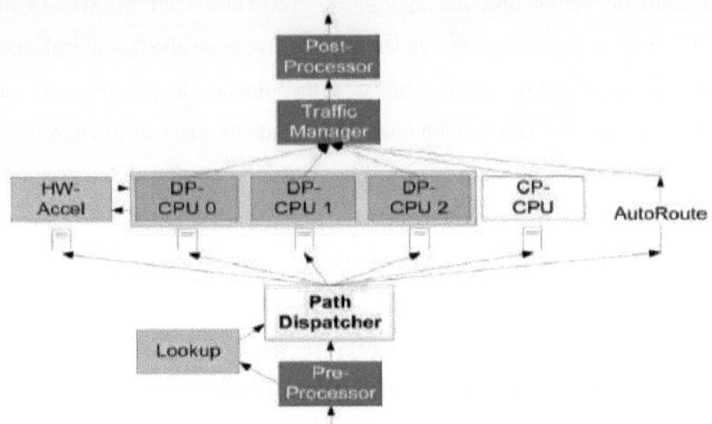

Figura 3.4. Flex Path NP com três DP-CPUs, uma CP-CPU e um acelerador de hardware

A secção sobre o estado da técnica descreve o ambiente específico em que se situa o nosso problema de classificação e destaca as diferenças entre o nosso problema e o estado da técnica. Em seguida, discutimos vários algoritmos de classificação de pacotes que inspiraram o desenvolvimento do nosso algoritmo. Mostramos como podemos combinar vários dos métodos apresentados de modo a obter uma técnica de classificação [heterogeneous decision graph algorithm (HDGA)] que é adequada para a implementação do nosso Path Dispatcher. São apresentados resultados experimentais, obtidos através da simulação do nosso algoritmo com um conjunto de bases de regras geradas aleatoriamente para mostrar o seu comportamento de uma forma geral. Este projeto termina com uma apresentação da arquitetura do Path Dispatcher que foi implementada na nossa plataforma de prototipagem FPGA (field-programmable gate-array).

3.7. Revisão da literatura - diferentes arquitecturas MPSoC

3.7.1. Algoritmos de mapeamento para plataformas MPSoC heterogéneas baseadas em NoC

Este algoritmo de mapeamento fornece as duas heurísticas de mapeamento em tempo de execução para mapear as tarefas de uma aplicação em estreita proximidade, de modo a minimizar a sobrecarga de comunicação. Em particular, a sobrecarga de comunicação entre duas tarefas de hardware adjacentes é eliminada ao mapeá-las para o mesmo processamento ou nó reconfigurável. Mostramos que a abordagem proposta é capaz de aliviar os estrangulamentos de congestionamento da Network-on-Chip (NoC) para otimizar o desempenho global. Com base nas nossas investigações para mapear as tarefas das aplicações em tempo de execução num MPSoC heterogéneo baseado numa NoC 8×8, as nossas heurísticas de mapeamento são capazes de reduzir o tempo total de execução e a carga média dos canais das aplicações quando comparadas com as heurísticas de mapeamento em tempo de execução mais avançadas [2].

3.7.2. Uma estrutura de hardware/software para suporte de transacções Memória em um ambiente MPSoC

A estrutura Hardware/Software centra-se em arquitecturas de sistemas multiprocessador num chip (MPSoC), a fim de proporcionar uma maior concorrência, em vez de uma maior velocidade de relógio, tanto para sistemas de grande escala como para sistemas incorporados. Tradicionalmente, a sincronização baseada em bloqueios é fornecida para suportar a concorrência; no entanto, a gestão de bloqueios pode ser muito difícil e propensa a erros. Além disso, o desempenho e o custo energético da sincronização baseada em bloqueios podem ser elevados. As memórias transaccionais têm sido amplamente investigadas como uma alternativa à sincronização baseada em bloqueios em sistemas de uso geral. Foi demonstrado que a memória transacional tem vantagens sobre os bloqueios em termos de facilidade de programação, desempenho e consumo de energia. Centrando-se em arquitecturas de sistemas multiprocessadores numa pastilha (MPSoC), a fim de aumentar a concorrência, em vez de aumentar a velocidade de relógio, tanto para sistemas de grande escala como para sistemas incorporados. Tradicionalmente, a sincronização baseada em bloqueios é fornecida para suportar a concorrência; no entanto, a gestão de bloqueios pode ser muito difícil e propensa a erros. Além disso, o desempenho e o custo energético da sincronização baseada em bloqueios podem ser elevados. As memórias transaccionais têm sido amplamente investigadas como uma alternativa à sincronização baseada em bloqueios em sistemas de utilização geral. Foi demonstrado que a memória transacional tem vantagens sobre os bloqueios em termos de facilidade de programação, desempenho e consumo de energia [4].

3.7.3. Suporte de arquitetura para execução de tarefas fora de ordem em MPSoCs

Nesta secção, apresenta-se um novo suporte de arquitetura de alto nível para a execução automática de tarefas fora de ordem (OoO) em MPSoCs heterogéneos baseados em FPGA. A arquitetura de suporte é composta por um middleware hierárquico com um motor de execução paralela automática de tarefas fora de ordem. Incorporado com um modelo hierárquico de camadas fora de ordem, o middleware é capaz de identificar as regiões paralelas e gerar os códigos-fonte automaticamente. Este trabalho depende da existência de um processo de programação baseado em fichas. O middleware pode identificar automaticamente a região paralela e eliminar as dependências de dados com técnicas de renomeação. Um esquema de mapeamento adaptativo permite que o programador atribua tarefas a uma unidade funcional adequada, mesmo quando o hardware é reconfigurado. Para permitir a execução de tarefas fora de ordem, propusemos o Task- Score boarding, um motor de deteção de riscos de dados para a execução de tarefas OoO [8].

3.7.4. Geração automática de modelos de transdutores para MPSoC com base em barramento

Conceção

O modelo proposto de geração automática de uma arquitetura bem definida de transdutor para sistemas MPSOC. A sua abordagem consiste em construir uma arquitetura de transação e

O modelo fundamental do sistema ao nível do registo-transferência (RTL) inclui o modelo dos processadores, a interface de software e a arquitetura de comunicação. Embora considerem o modelo de arquitecturas de comunicação baseadas em transdutores, os métodos semânticos e lógicos TLM baseiam-se na geração automática de TLM. Além disso, não são avaliados os métodos baseados no perfil da aplicação para otimizar automaticamente o parâmetro do transdutor.

3.7.5. ACROSS MPSoC - Processadores multi-core projetados para segurança

Os MPSoC têm um enorme potencial no domínio dos sistemas incorporados, tendo em conta a sua enorme capacidade computacional e eficiência energética. No entanto, as arquitecturas MPSoC atualmente existentes têm limitações significativas no que diz respeito a aplicações críticas para a segurança. Estas limitações incluem dificuldades no processo de certificação devido à elevada complexidade dos MPSoCs, à falta de determinismo temporal e a problemas relacionados com a propagação de erros entre subsistemas. O ACROSS MPSoC permite a certificação de sistemas fiáveis ao reduzir e gerir a complexidade de concepções altamente integradas. Os principais meios de gestão da complexidade no ACROSS são (i) um aumento do nível de abstração do projeto, (ii) o estabelecimento de um comportamento temporalmente determinista e (iii) a prevenção da propagação de erros e da interferência não intencional de subsistemas através de mecanismos de segregação para o particionamento temporal e espacial [10].

3.7.6. Avaliação de um protocolo de migração de tarefas para MPSoCs baseados em NoC

Nesta secção é apresentado um protocolo completo de migração de tarefas para MPSoCs baseados em NoC. A migração transfere o código, os dados e o contexto da tarefa para outro PE. Este método apresenta a estratégia de comunicação para garantir a coerência na entrega das mensagens, a heurística para computar a nova localização da tarefa e o procedimento para informar a nova posição da tarefa. A tarefa pode ser migrada a qualquer momento, não necessitando de checkpoints de migração, e seu contexto também é migrado. Outro ponto importante do protocolo é a entrega de mensagens in-order, sem a necessidade de broadcast da nova posição da tarefa. O objetivo da migração de tarefas é restaurar o desempenho de uma determinada aplicação na presença de algum evento perturbador. O custo é pequeno, permitindo sua utilização para melhorar/restaurar o desempenho geral do sistema [11].

3.8. Metodologia atual

Nos últimos anos, estamos a assistir ao início da era dos sistemas em pastilha com vários processadores (MPSoC). Na sua essência, esta era é desencadeada pela necessidade de lidar com aplicações mais complexas, reduzindo simultaneamente o custo global e o consumo de energia dos dispositivos incorporados. No entanto, a programação dessas plataformas não tem sido simples, principalmente devido a dificuldades na paralelização do código-fonte, na transferência e armazenamento de dados e na gestão de recursos em tempo de execução.

Os circuitos FPGA tolerarão a combinação de muitos núcleos duros e moles, bem como de aceleradores dedicados na mesma pastilha. Num único chip FPGA, as arquitecturas Ht-MPSoC (Heterogeneous Multiprocessor System-on-Chip) aceitam o esquema de SoC (System-on-Chips) muito complexo e satisfazem as necessidades recentes das aplicações em termos de desempenho e consumo de energia. No método existente, é utilizada a arquitetura Ht-MPSoC baseada em FPGA [12]. A arquitetura AHt-MPSoC aceita a utilização eficaz dos recursos HW num chip e proporciona um elevado desempenho com um menor consumo de energia. Quando a sua utilização aumenta, exploramos o tamanho da configuração do espaço de projeto. Assim, precisamos de uma ferramenta de exploração do espaço de projeto (DSE) para definir a melhor configuração arquitetónica. Esta configuração requer o mínimo de recursos HW e proporciona um tempo de execução reduzido. A ferramenta DSE desempenha um papel eficaz no fluxo de conceção das arquitecturas Ht-MPSoC.

Neste artigo baseado em esquemas FPGA, a utilização dos núcleos FPGA na geração futura inclui os aceleradores de hardware dedicados que satisfazem os requisitos das aplicações modernas. Para tal, é possível a aplicação de arquitecturas Ht-MPSoC (Heterogeneous Multi-processor System-On-chip). Nesta configuração de arquitetura, é possível conceber um Ht-MPSoC simétrico ou um SHt-MPSoC. No caso do SHt-MPSoC, o número de processadores privados e de aceleradores de hardware, que são partilhados, é igual. Enquanto que no caso do AHt-MPSoC, os aceleradores de hardware estão ligados a diferentes processadores e cada processador difere um do outro [13].

Na utilização de SHt-MPSoC, o processador não consegue lidar com sistemas configuráveis mais difíceis e complexos. Esta abordagem limita a aplicação do Ht-MPSoC e não pode funcionar eficientemente para esquemas reconfiguráveis de alta complexidade.

Nesse caso, o objetivo é a próxima geração do processador e uma maior quantidade de elementos lógicos reconfiguráveis. Assim, o AHt-MPSoC é empregado para a utilização do processador e seu desempenho. Neste trabalho, propomos um modelo de Programação Inteira Mista (MIP) para definir a configuração do Ht-MPSoC. Neste trabalho, o nosso objetivo é que o circuito FPGA permita o máximo número de recursos de hardware e a sua utilização em arquitecturas AHt-MPSoC. A arquitetura Ht-MPSoC proposta partilha os aceleradores de hardware entre os processadores. O resultado é baseado na formulação de Programação Linear Inteira Mista (MIP), que é usada para explorar o espaço muito grande de configurações prováveis num tempo razoável.

Na arquitetura AHt-MPSoC, utiliza os aceleradores HW que implementam as instruções específicas da aplicação. A instrução específica de aplicação é a melhor forma de desenvolver o desempenho dos processadores. Nestes processadores, o tempo de implementação dos cálculos difíceis é minimizado pela utilização de novas instruções executadas em aceleradores HW. O MIP é utilizado para a exploração do espaço, que é utilizado para minimizar a utilização de toda a área relativamente às restrições de desempenho da aplicação e mantém o tempo de execução abaixo de um limite exigido. Assim, o modelo MIP é capaz de determinar uma configuração ideal AHt-MPSOC que atinge a área e o desempenho desejados. Esta arquitetura é obtida em termos de custo do sistema, energia e desempenho, que são melhores do que o método convencional [14].

A partilha do hardware é feita através do acesso ao acelerador de hardware (HW) que reduz o custo do sistema e aumenta o desempenho. Os aceleradores HW estão ligados aos diferentes processadores, o que difere de um processador para outro no caso do AHt-MPSoC. Estes aceleradores funcionam como uma interface com o hardware externo, presente no mundo exterior. A ferramenta de desenho, Design Space Exploration (DSE), faz com que a configuração do Ht-MPSoC aumente o seu desempenho também em termos de redução da utilização dos recursos da FPGA, o que se soma à minimização do tempo de execução e à redução da área utilizada.

A arquitetura é constituída por uma forma reconfigurável. Nesta conceção, a forma simétrica do Ht-MPSoC tem um número privado de processadores e aceleradores de hardware (HW) partilhados, que são em número igual. Contrariamente à forma assimétrica do Ht-MPSoC, o processador e os aceleradores de hardware estão ligados a diferentes processadores, que são diferentes uns dos outros. É possível explorar todo o projeto num curto espaço de tempo através de simulação ou de métodos analíticos simples para a geração anterior e atual de circuitos FPGA, que utilizam muito poucos recursos.

Na maior parte dos trabalhos, a abordagem lida com a instrução personalizada, o que resulta numa maior poupança de área também com a partilha de operações. Em vez da abordagem convencional, o sistema proposto lida com a partilha de todo o conjunto de instruções e o MIP (Mixed Integer Linear Programming) explora as instruções personalizadas, mapeia-as para o hardware e o grau de partilha para suportar o ISE (Instruction Set Environment).

Na descrição das arquitecturas Ht-MPSoC simétricas, que se trata de um número igual de processadores e de aceleradores de hardware, estas não são utilizadas para operar em sistemas de elevada complexidade. Por conseguinte, não permite lidar com o aumento da taxa de sistemas do tipo reconfigurável. Na conceção proposta, a abordagem de partilha só pode ser feita com a arquitetura de um único processador. Assim, não se adequa à conceção de arquitecturas de processadores diferentes [15].

A fim de resolver os problemas de programação dos MPSoC supramencionados e aliviar tanto quanto possível o projetista de software incorporado, a investigação sobre MPSoC no IMEC centra-se no fornecimento de ferramentas de mapeamento que ajudem o projetista a mapear o código C sequencial de uma forma eficiente, previsível e rápida em tempo de conceção, e no fornecimento de soluções de gestão em tempo de execução para otimizar a atribuição de recursos computacionais e de memória em tempo de execução.

3.8.1. Ferramentas de mapeamento MPSoC para aplicações multimédia e sem fios

O conjunto de ferramentas de mapeamento MPSoC centra-se na limpeza do código-fonte (conjunto de ferramentas CleanC), na paralelização da ferramenta Multi-Processor Assist (MPA) do código sequencial e na gestão da memória do scratchpad Hierarquia da memória (MH)

ferramenta. O projetista de software embarcado é responsável por fornecer dicas de paralelização e caraterísticas fixas da plataforma MPSoC. O fluxo de mapeamento do MPSoC está representado na figura 3.5.

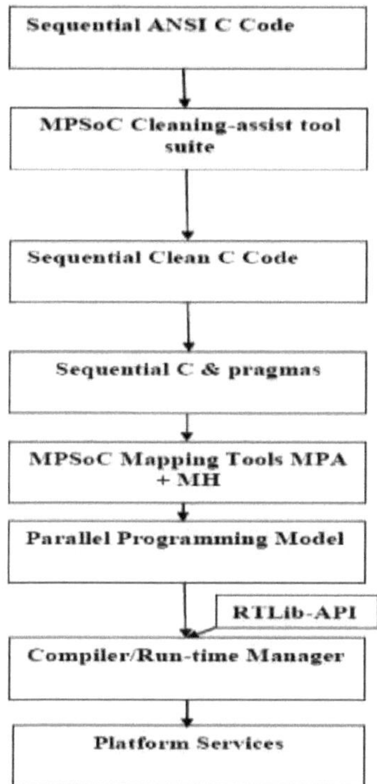

Figura 3.5. Fluxo de mapeamento de aplicações MPSoC

O primeiro conjunto de ferramentas do conjunto, denominado Clean C, permite que os projectistas escrevam código sequencial de alto nível que é optimizado para paralelização. O MPSoC MPA é uma ferramenta que permite que os projetistas explorem de forma rápida e eficiente o espaço de paralelização potencial de uma aplicação usando paralelismo funcional e de dados, veja a figura 3.5. As partes do código que serão paralelizadas são denotadas como par-secções. Para cada par-secção, o designer especifica o número de threads que a executam e qual funcionalidade é atribuída a cada thread. Dado o código de entrada e as diretivas de paralelização, a ferramenta gera uma versão paralela do código e insere mecanismos First-In First-Outs (FIFOs) e de sincronização sempre que necessário, sem exigir que o projetista identifique dependências ou participe manualmente no código. A ferramenta MH analisa o código-fonte de entrada e programa automaticamente as transferências de dados entre a memória principal e a memória (local) do scratchpad [16].

A ferramenta MPA é desenvolvida principalmente no âmbito do projeto MOSART do 7.º PQ e a ferramenta MH é desenvolvida principalmente no âmbito do projeto MNEMEE do 7. Por fim, para avaliar a abordagem, as ferramentas foram utilizadas para mapear uma aplicação de processamento de banda base de multiplexagem por divisão de frequência ortogonal (OFDM) de 40 MHz com múltiplas entradas e múltiplas saídas (MIMO) numa plataforma MPSoC para rádio definido por software.

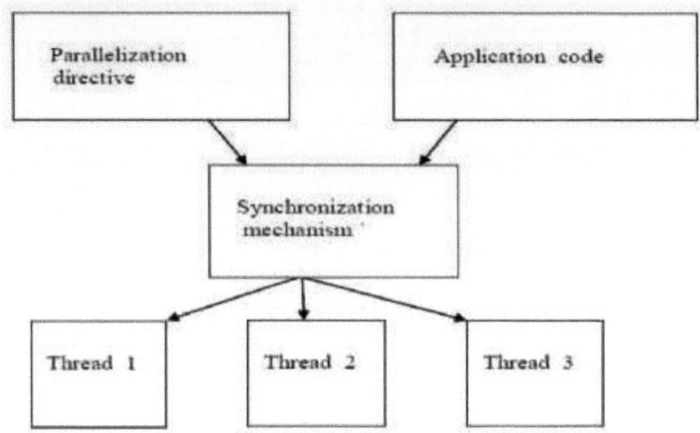

Figura 3.6. Ferramenta MPA para Paralelização de Código Fonte

3.8.2. . Gestão de recursos em tempo de execução

O IMEC propõe soluções eficazes para a conceção do gestor de tempo de execução, uma camada de software entre as aplicações de software embebidas e a plataforma de hardware. A investigação neste domínio no IMEC inclui plataformas MPSoC monoprocessador e heterogéneas. A camada de software proposta é capaz de gerir eficientemente, em tempo de execução, a utilização dos recursos presentes na plataforma de hardware, explorando informação de metadados relevante, que caracteriza os aspectos de software e hardware do sistema embebido.

Como se pode ver na figura 3.7, a conceção do gestor de tempo de execução consiste numa fase de conceção e numa fase de execução. Em tempo de conceção, o gestor de tempo de execução é personalizado de acordo com um certo número de cenários, que são derivados da informação de metadados de software e hardware. Estas concepções do gestor de tempo de execução são instanciadas apenas em tempo de execução, se as informações de metadados que foram exploradas na fase de conceção forem monitorizadas. Efetivamente, evita-se uma única conceção no pior dos casos através da criação destas múltiplas concepções personalizadas com base nos cenários acima referidos C16602. No caso de os novos metadados serem monitorizados em tempo de execução, os cenários são anotados.

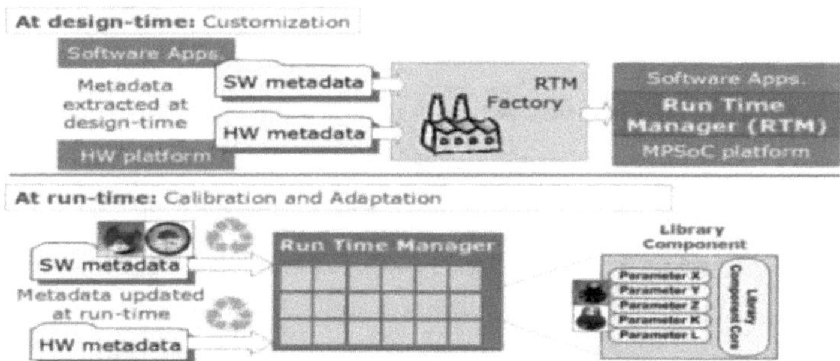

Figura 3.7. Personalização, calibração e adaptação do gestor de tempo de execução

Neste contexto, foi desenvolvida uma ferramenta pré-compiladora para instanciar e explorar estruturas de dados dinâmicas personalizadas. De forma a reduzir o tempo de projeto necessário

para a personalização e a exploração, foi implementado um algoritmo genético para acelerar a seleção óptima das estruturas de dados dinâmicas personalizadas. Além disso, foi feita investigação sobre a definição e extração de metadados de software para optimizações da gestão de dados da pilha. Por fim, foi desenvolvida uma estrutura de simulação de grão grosso para o dimensionamento da fase inicial dos pedidos de recursos de aplicações dinâmicas em plataformas MPSoC e a consequente extração de metadados de hardware [17], [18].

3.9. Arte anterior

3.9.1. Cenário e restrições da aplicação do caminho flexível

O Flex Path NP passa todos os pacotes recebidos das interfaces de rede através da unidade de Pré-Processador enquanto armazena os pacotes simultaneamente com uma unidade de Gestor de Buffer do tipo DMA. O Pré-Processador verifica a integridade dos pacotes (comprimento, somas de verificação, etc.) e extrai uma seleção de campos de cabeçalho, dependendo da pilha de protocolos do pacote. Além disso, estes campos são também comparados com um determinado conjunto de valores e, em função do resultado dessas comparações, são geradas determinadas bandeiras. Exemplos destes sinalizadores podem ser IPv4, Protocolo do Plano de Controlo (por exemplo, ARP/RARP, Protocolo de Mensagens de Controlo da Internet (ICMP), IPSec, Protocolo de Controlo da Transmissão (TCP), Protocolo de Datagrama do Utilizador (UDP), etc. Inicialmente, estes campos de cabeçalho e bandeiras extraídos serão utilizados no Path Dispatcher para determinar o caminho de processamento posterior do pacote dentro do sistema NP. Posteriormente, os campos extraídos podem também ser armazenados alinhados por palavras como um contexto de pacote na memória do sistema, para que a CPU tenha um acesso mais fácil e alivie a sua carga de processamento. Conforme descrito em -Flex Path NP-Um conceito de processador de rede com caminhos de processamento flexíveis e orientados para aplicações", para alguns pacotes simples, como os pacotes de confirmação TCP, a funcionalidade do pré e pós-processador será suficiente para cumprir a tarefa de encaminhamento IPv4. Isto cria um caminho AutoRoute adicional que contorna o complexo do processador e conduz diretamente do Path Dispatcher para o Traffic Manager do lado de saída. Dado esse sistema Flex Path NP, descrevemos um exemplo de mistura de aplicações a partir do qual derivamos os diferentes caminhos e explicamos as condições em que serão escolhidos. O exemplo de aplicação deve dar ao leitor uma boa visão das propriedades e dos efeitos do problema e pode ser transferido para uma configuração mais geral de uma forma simples. O tráfego pode ser dividido nas seguintes trajectórias.

- Descartar: Os pacotes recebidos com somas de controlo inválidas [Protocolo Internet (IP), Ethernet, etc.] não são reencaminhados para o núcleo do processador, sendo antes descartados no caminho de entrada do NP. Isto poupa recursos do processador e ciclos de barramento regra 1 na Tabela I).
- CPU do plano de controlo: Os pacotes com valores TTL expirados podem não ser silenciosamente descartados como acima, mas uma mensagem de erro ICMP tem de ser gerada, o que é tipicamente uma tarefa de uma CPU do plano de controlo. Além disso, todos os pacotes pertencentes ao plano de controlo e gestão da rede têm de ser encaminhados para o plano de controlo. Esses pacotes são destinados ao roteador, que é indicado pelo sinalizador próprio (regras 2, 5).
- Acelerador de hardware: Os pacotes criptografados de conexões de túnel de terminação podem ser enviados diretamente para um núcleo de descriptografia antes que a carga útil possa ser processada efetivamente por uma CPU de plano de dados. Isto poupa

interrupções desnecessárias da CPU e aumenta a eficiência do processamento. Estes pacotes podem ser identificados pelo sinalizador próprio em combinação com um protocolo IPSec (p. ex., ESP e/ou AH) como carga útil L4 (regras 3, 4). Os pacotes não encriptados de redes específicas que requerem encriptação IPSec podem também ser separados do restante tráfego e orientados para uma CPU específica (egress IPSec SPD-check).

- AutoRoute: Alguns pacotes muito simples podem ser enviados para o Gestor de Tráfego de saída diretamente sem intervenção da CPU. Estes podem ser pacotes TCP Acknowledgment sem carga útil (ou seja, comprimento IP de 40 bytes), para os quais foi efectuada uma pesquisa válida do próximo ponto. Pode haver várias classes de serviço atribuídas a diferentes aplicações, o que leva a uma atribuição em diferentes filas.
- Processadores do plano de dados: Essencialmente, todos os pacotes restantes seriam encaminhados diretamente para o cluster de CPUs do plano de dados. Aqui, mais uma vez, o campo ToS pode decidir encaminhar o pacote para uma CPU dedicada de "alta prioridade" (regra 12) ou para a CPU "mais próxima disponível" do pool para encaminhamento de melhor esforço (regra 13). Além disso, quando se trata de sistemas com vários processadores, pode ser aplicada uma estratégia de balanceamento de carga entre as diferentes CPUs possíveis, em que um determinado conjunto de fluxos - por exemplo, distinguido por um hash do tuplo IP 5 - é atribuído a CPUs específicas [19].

O número total de caminhos que precisamos diferenciar é limitado, em nosso exemplo, a 10, assumindo que suportamos duas prioridades (e) para o AutoRoute e para os pacotes de cabeçalho de CPU do plano de dados. Como o número de classes de serviço pode ser escalonado em pequenos intervalos e também podemos encontrar sistemas com vários aceleradores de hardware diferentes, podemos encontrar configurações com 15 ou 30 caminhos, mas certamente não muito mais. As quotas de tráfego que serão encaminhadas para as diferentes entidades funcionais (p. ex., aceleradores, processadores, auto-encaminhamento) permanecerão quase estáticas durante o funcionamento de um sistema, ou seja, serão alteradas com muito pouca frequência. A atribuição de fluxos a caminhos mudará mais frequentemente com as estatísticas de utilização e as variações de carga de tráfego no sistema em funcionamento apenas para as regras de classificação sensíveis ao fluxo. Os campos de cabeçalho extraídos e os sinalizadores que determinam o caminho de processamento dependem da aplicação. É importante perceber que nem todos os campos estão presentes em todos os pacotes de entrada. Como tal, a formulação das regras de classificação individuais será bastante heterogénea, em contraste com a classificação clássica de múltiplos campos em que os cinco duple de endereços IP de origem e destino, o identificador de protocolo L4 e os números de porta L4 são entradas fixas [20]. Para cada especificação de trajeto (ou seja, regra), podem ser suficientes entre 1 e 4 campos ou sinalizadores do cabeçalho, enquanto o conjunto total de possíveis campos e sinalizadores a inspecionar pode facilmente atingir a ordem dos 15 a 20. O Path Dispatcher deve ser integrado no nosso sistema num chip (SoC) juntamente com os outros blocos de construção NP. Como tal, é também importante obter uma implementação compacta que atinja uma taxa de classificação elevada, para que a função de despacho não se torne um estrangulamento do sistema.

3.9.2. Algoritmos de classificação de pacotes

O estado da técnica no domínio da classificação de pacotes multi-campo pode ser dividido em várias categorias, consoante o principal objetivo de implementação e a estrutura interna do algoritmo. Em termos de implementação, podemos distinguir entre algoritmos baseados em hardware e algoritmos baseados em software. Os algoritmos baseados em hardware são geralmente escolhidos para a classificação de pacotes sob restrições de tempo real na infraestrutura atual de routers topo de gama. São normalmente implementados com memória ternária endereçável por conteúdo (TCAM) nos chamados motores de pesquisa de rede (NSE). Os NSEs fornecem uma abordagem de "força bruta" para o problema de classificação de pacotes, pois comparam os bits do pacote de entrada com todos os valores armazenados em paralelo. Esta comparação demora normalmente algumas dezenas de nanossegundos, mas o principal inconveniente dos NSE é o seu elevado consumo de energia e a sua implementação num chip separado. Para mapear a nossa base de regras num NSE, precisaríamos de memórias muito vastas e muitos wildcards - ambos os factores resultam numa utilização relativamente ineficiente do dispositivo e num custo elevado. Soluções alternativas de hardware são abordagens baseadas em produção cruzada. O DCFL usa algoritmos de pesquisa otimizados por domínio para cada campo de cabeçalho individual que é representado na base de regras de classificação. Esses resultados são então combinados de forma inteligente para agregar as correspondências de campo único no resultado final. Embora a fase de agregação funcione de forma bastante eficiente e também tenha propriedades de atualização incremental muito boas, o esforço para suportar motores de pesquisa de campo único separados para 15 a 20 campos torna esta abordagem pouco atractiva para o nosso ambiente [21].

Para arquitecturas baseadas em processadores, existem vários algoritmos de software diferentes que combinam diferentes técnicas de pesquisa optimizadas para o problema da classificação de pacotes. As principais técnicas são variações de pesquisas em árvores (binárias) e pneus, pesquisas em tabelas de hash e algoritmos heurísticos específicos de um domínio, como RFC e Hyper Cuts. O Hyper Cuts constrói uma árvore de decisão na qual, para cada nó da árvore, é feito um corte multidimensional para particionar o espaço de pesquisa em intervalos de igual comprimento ao longo de uma ou mais dimensões. Cada nó folha representa um pequeno volume do espaço multidimensional que contém apenas uma única regra de correspondência. Embora sejam possíveis cortes simultâneos ao longo de várias dimensões numa única etapa, os intervalos de corte são de igual comprimento. Isto pode levar a uma série de passos sucessivos antes de se poder determinar uma correspondência exacta

3.9.3. Minimização lógica e classificadores

Um aspeto diferente do problema da classificação de pacotes é abordado por Lysecky. Consideram a implementação da pesquisa de listas de controlo de acesso (ACL) para utilização em memórias TCAM com o problema inerente de que o custo de tal solução aumenta com a quantidade total de memória consumida pela base de regras. A minimização lógica foi utilizada anteriormente em tabelas de encaminhamento IP para reduzir o número de entradas, explorando especificações sobrepostas na tabela original e substituindo-as por uma entrada fundida que contém entradas curinga adicionais. Mostram que podem aplicar esta técnica ao campo ACL e apresentam uma ferramenta de minimização lógica (ROCM) adaptada à implementação incorporada. Alcançam um desempenho semelhante ao da técnica Espresso de desktop de última geração com um tamanho de executável e requisitos de memória mais pequenos e a implementação funciona até 20 vezes mais depressa num processador ARM7 incorporado. Os classificadores investigados podem ser reduzidos em 17%-40% utilizando o seu algoritmo de minimização lógica.

O Flex Path NP, em particular, e as aplicações de rede avançadas que são mapeadas em arquitecturas multiprocessador em geral, estão a lidar com um problema de classificação multicampo muito mais heterogéneo. Em comparação com os cenários de encaminhamento de QoS, são relevantes mais campos de cabeçalho para distinguir o caminho de processamento adequado. No entanto, também observamos que o número de regras e destinos a diferenciar num sistema NP típico é significativamente menor do que a dimensão do problema enfrentado na classificação tradicional de pacotes. Mostraremos que este problema pode ser resolvido eficientemente por um algoritmo de árvore de decisão, em que diferentes sub-árvores contêm as regras para um domínio de aplicação específico. Fornecer estruturas de pesquisa de campo único para todos os campos, tal como exigido pelo DCFL, ou até 512 bits de memória TCAM parece ser uma má escolha e contradiz o nosso principal objetivo de encontrar um algoritmo compacto que se adapte facilmente a um design MPSoC [22].

CAPÍTULO 4
METODOLOGIA DE EXECUÇÃO DE TAREFAS FORA DE ORDEM EM MPSOCS

4.1 Método proposto

As redes de interconexão desempenham um papel fundamental nos projetos de sistemas em chip multiprocessadores de memória compartilhada (MPSoC). O desempenho e o consumo de energia do MPSoC são grandemente afectados pelos fluxos de dados de pacotes que são transportados na rede. Neste artigo, ao introduzirmos um modelo de potência de comunicação em chip com pacotes, discutimos o impacto da packetização no desempenho e no consumo de energia do MPSoC. Em particular, propomos um método de análise quantitativa para avaliar a relação entre diferentes opções de design (cache, memória, esquema de packetização, etc.) ao nível da arquitetura. A partir das experiências de referência, mostramos que o desempenho ótimo e o compromisso de potência podem ser alcançados através da seleção de tamanhos de pacotes adequados [23]. Os sistemas em chip multiprocessadores de memória partilhada (MPSoCs) têm sido amplamente utilizados nos actuais sistemas incorporados de elevado desempenho, tais como processadores de rede e processadores de média paralela (PMP). Combinam as vantagens do paralelismo do processamento de dados dos multiprocessadores (MP) e a integração de alto nível dos sistemas em pastilha (SoC). O desempenho dos MPSoC não é apenas determinado pela capacidade dos processadores dos nós (por exemplo, velocidade da CPU, tamanho da cache, etc.), mas é também limitado pela rede de interligação que liga os processadores e as memórias. A conceção e a otimização dessa rede de interligação são fundamentais para o desempenho dos MPSoC. O MPSoC usa memórias partilhadas para trocar dados entre processadores, e os dados trocados são transportados de um processador para o outro através da rede de interligação. O fluxo de dados é primeiramente organizado em pacotes e depois encaminhado para os seus destinos. A comunicação por pacotes na pastilha tem muitas vantagens em relação ao encaminhamento ad-hoc por fios nos ASIC. A integridade do sinal e a interferência são mais controláveis, podem ser suportados vários fluxos de dados paralelos de elevada largura de banda em simultâneo e os sistemas são mais modularizados para reutilização de IP. O desempenho e o consumo de energia são as duas questões mais críticas no projeto da rede de interconexão

MPSoC [24]. Particularmente, o tráfego de rede no chip é proveniente das seguintes fontes:

1. Transacções de cache e memória. Cada falha de cache precisa de ir buscar dados às memórias partilhadas e, consequentemente, cria tráfego na interligação.

2. Operações de coerência da cache. No MPSoC, um dado pode ter várias cópias nas caches de diferentes processadores de nós. Quando os dados na memória são actualizados, as suas cópias na cache também têm de ser actualizadas ou invalidadas. Essa operação de sincronização também criará tráfego na interconexão.

3. Despesas gerais de segmentação de pacotes. Quando os fluxos de dados são segmentados em pacotes, o tráfego na interconexão terá uma sobrecarga adicional. A sobrecarga depende do tamanho do pacote e do tamanho do cabeçalho/cauda.

4. Contenções entre pacotes. Quando há contenção entre pacotes na interconexão, os pacotes precisam ser redirecionados para outro caminho de dados ou armazenados temporariamente em buffer. Este efeito altera novamente o padrão de tráfego na interconexão.

Os factores acima referidos não são independentes. Em vez disso, o compromisso entre desempenho e potência é determinado pelas interações de todos os factores de forma dinâmica, e a variação de um fator terá impacto nos outros factores.

1.1.1. Sistema em chip multiprocessador (MPSoC)

A tendência emergente para aplicações multimédia em terminais móveis, combinada com um tempo de colocação no mercado cada vez menor e uma multiplicidade de normas, criou a necessidade de plataformas de computação flexíveis e expansíveis, capazes de proporcionar um desempenho computacional considerável (específico da aplicação) a baixo custo e com um baixo consumo de energia.

Nos últimos anos, foram introduzidas pela indústria várias plataformas MPSoC. No entanto, subsiste uma lacuna significativa no que respeita às ferramentas de mapeamento de aplicações e à gestão do tempo de execução das plataformas MPSoC actuais e futuras, mais avançadas [25].

1.1.2. Ferramentas de mapeamento de aplicações

Para explorar plenamente o potencial das plataformas MPSoC, os algoritmos sequenciais precisam de ser paralelizados. Este é um trabalho demorado e propenso a erros. Além disso, o mapeamento de um algoritmo deve ser feito de forma previsível. Isto significa utilizar componentes de plataforma previsíveis e de baixo consumo de energia, como a memória scratchpad, em vez de utilizar a memória cache. Ao contrário da memória cache, a memória scratchpad necessita de uma gestão explícita por parte do projetista. Devido ao enorme espaço de conceção, é impossível para os algoritmos industriais encontrarem uma solução eficiente sem o apoio de ferramentas adequadas.

O fluxo de mapeamento do MPSoC é apresentado no capítulo 1, em que a lógica do fluxo é que o projetista não deve programar diretamente a plataforma paralela. Em vez disso, o projetista deve concentrar-se na funcionalidade e, por conseguinte, permanecer ao nível da modelação sequencial. As ferramentas, auxiliadas por dicas do projetista (modelo de programação paralela), são então responsáveis por explorar o espaço de mapeamento-solução e por mapear o algoritmo sequencial para o modelo de programação da plataforma paralela de uma forma eficiente [26]. O modelo de programação paralelo-plataforma é implementado sob a forma de uma biblioteca de tempo de execução (designada RTLib) e baseia-se nos serviços de plataforma de baixo nível fornecidos pela plataforma MPSoC.

As ferramentas de mapeamento do MPSoC concentram-se na paralelização do código sequencial e na gestão da memória do scratchpad. O projetista é responsável por fornecer sugestões de paralelização e por fornecer as caraterísticas da plataforma. Ao gerir explicitamente as transferências de dados entre as memórias do scratchpad, pode evitar-se a necessidade de um mecanismo de coerência baseado em hardware. Como tal, um componente de coerência de hardware não é escalável quando se aumenta o número de elementos de processamento; a técnica do IMEC permite a escalabilidade do MPSoC A execução da paralelização e da gestão da memória de rascunho requer uma boa dose de análise, transformações e optimizações da aplicação em tempo de conceção. Isto inclui optimizações de transferência e armazenamento de dados, transformações de ciclos e a utilização de técnicas de cenários.

1.1.3. Suporte de análise e exploração para memória personalizada Organizações (ATOMIUM)

Para apoiar a metodologia DTSE, o IMEC está a desenvolver o conjunto de ferramentas ATOMIUM. Estas ferramentas operam ao nível comportamental de uma aplicação, expressa em C. O resultado é uma descrição em C transformada, funcionalmente equivalente à original, mas tipicamente conduzindo a tempos de execução, tamanho da memória e consumo de energia fortemente reduzidos. O conjunto de ferramentas ATOMIUM permite uma análise exaustiva e a exploração da organização da memória de aplicações reais em tempos de projeto limitados. O IMEC melhorou a ferramenta de hierarquia de memória ATOMIUM (Figura 2). Esta ferramenta aloca dados na memória scratchpad de um processador e cria código para copiar dados da memória principal para a memória scratchpad; a energia pode ser optimizada, uma vez que um acesso à memória scratchpad consome muito menos energia do que um acesso à memória principal [27]. Além disso, a cópia de dados pode ser efectuada por uma unidade de acesso direto à memória (DMA), o que permite ocultar a latência da lenta memória principal da ferramenta de hierarquia de memória ATOMIUM.

1.1.4. Transformações de laço

Na maioria das aplicações, a maior parte do tempo de execução e da energia/potência é gasta na execução de loops. A execução destes loops é também responsável pela maior parte da interação com a memória de dados. Os compiladores tradicionais apenas optimizam o ciclo interno. No IMEC, está em curso investigação para otimizar toda a hierarquia de loops: os loops são reordenados para otimizar globalmente a aplicação, por exemplo, reduzindo o tempo de vida dos dados trocados entre loops, colocando o consumo de dados o mais próximo possível da produção dos mesmos. Esta redução das necessidades de armazenamento leva à utilização de memórias mais pequenas e mais próximas dos elementos de processamento (Figura 3), que requerem menos energia e menos ciclos de processamento por acesso.

O IMEC alargou o suporte da ferramenta para transformações de laços. A ferramenta suporta agora transformações manuais e verifica se uma determinada transformação é válida. Eventualmente, serão utilizadas transformações automáticas. Quer sejam efectuadas manual ou automaticamente, estas transformações devem ser orientadas por estimativas de custo do efeito energético ao mapear para uma hierarquia de memória. O IMEC estuda estimativas exactas de alto nível do efeito das transformações de ciclos na dimensão dos dados e na hierarquia dados-memória

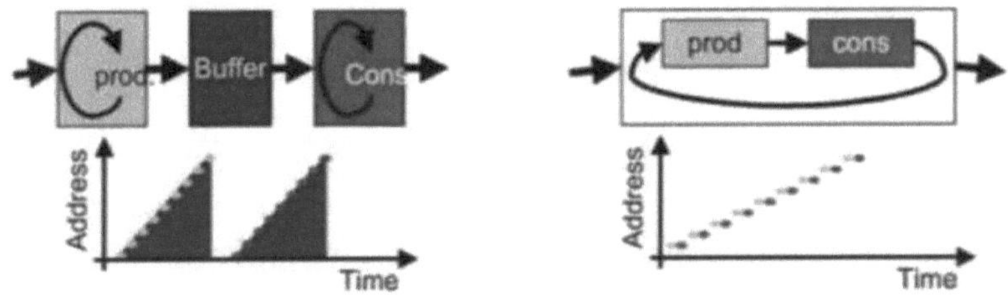

Figura 4.1.Loop Transformation Colocar o consumo de dados após a produção dos dados

Quando o código é transformado, quer automática quer manualmente, é possível que sejam introduzidos erros no código. Por conseguinte, é necessário verificar se o código modificado continua a ser correto. O IMEC está a avaliar e a alargar as técnicas de verificação formal para que tal seja possível [28].

1.1.5. Análise de cenários

As transferências e o armazenamento de dados contribuem de forma dominante para a área e o consumo de energia de todas as aplicações multimédia modernas. Uma realização económica destes sistemas pode ser obtida utilizando optimizações de memória de alto nível.

As técnicas de otimização de memória mais avançadas não são, no entanto, capazes de lidar com uma grande quantidade de dinamismo e imprevisibilidade. Isto aplica-se especialmente ao tempo de compilação, quando é normalmente efectuada a exploração demorada do espaço de conceção. Por conseguinte, estas técnicas só parcialmente conseguem lidar com o código das actuais aplicações multimédia da vida real.

A combinação de técnicas de cenários e de ocultação da camada 3 alarga este espaço de exploração e abre mais oportunidades para as técnicas de otimização da memória existentes, mesmo para essas aplicações dinâmicas. A técnica de cenários foi alargada para poder lidar também com aplicações com loops de contagem de viagens variáveis. Ambas as técnicas foram testadas numa referência real de descodificador áudio MP3 [29].

1.1.6. Componentes e serviços da arquitetura da plataforma

A plataforma MPSoC tem de fornecer serviços previsíveis nos quais as ferramentas de mapeamento possam confiar. Isto envolve principalmente serviços de comunicação como, por exemplo, mover um bloco de dados entre dois elementos de processamento ou entre duas memórias na hierarquia de memória.

O serviço de comunicação fornecido está dividido em duas partes: um serviço de comunicação de alto nível que aceita comandos para mover blocos de dados (serviço do tipo DMA) e um serviço subjacente que fornece serviços de comunicação de baixo nível.

Estes serviços de comunicação de baixo nível incluem a criação de um caminho de comunicação entre a origem e o destino e a atribuição da quantidade correta de largura de banda. Por sua vez, a largura de banda pode ser atribuída de acordo com o melhor esforço ou com um débito garantido. Atualmente, o IMEC está a desenvolver um novo método para combinar ambos os tipos de tráfego num ambiente de rede em chip. Esta abordagem evita, por exemplo, a atribuição excessiva de recursos.

4.2. Gestão da plataforma de tempo de execução

A um nível elevado, o gestor do tempo de execução é responsável pela atribuição dos recursos da plataforma e por desempenhar uma função de árbitro entre aplicações ou algoritmos que competem por recursos. Além disso, o gestor do tempo de execução é responsável por incorporar os requisitos do utilizador, escolhendo o ponto de funcionamento correto da aplicação [30]. A escolha do ponto de funcionamento correto da aplicação implica a resolução de um problema multidimensional de escolha múltipla do tipo mochila. Para o contexto do MPSoC, o IMEC desenvolveu uma heurística rápida para resolver este problema.

No contexto de sistemas MPSoC heterogéneos em que os elementos de processamento podem conter lógica reconfigurável de grão fino, o IMEC desenvolveu uma heurística de gestão de recursos em tempo de execução que tem em conta as propriedades específicas da lógica reconfigurável, a fim de melhorar o desempenho da atribuição de recursos.

4.3. Soluções dinâmicas optimizadas

O IMEC vai além das soluções estáticas convencionais de técnicas de tempo de compilação que assumem o pior dos casos e, por conseguinte, requisitos demasiado pessimistas em termos de ocupação de memória, consumo de energia e desempenho. Ao nível da investigação a longo prazo, foram exploradas soluções dinâmicas optimizadas, que gerem os pedidos e a utilização de recursos do sistema de acordo com as necessidades de tempo de execução da aplicação de software incorporado.

Foram desenvolvidas bibliotecas com módulos para a personalização e otimização semi-automáticas de estruturas de dados dinâmicas e de alocadores de memória dinâmicos. Foram apoiadas por novas ferramentas de perfilagem e metodologias de refinamento de construção correta. Estas optimizações destinam-se a qualquer plataforma de hardware, uma vez que o seu objetivo é reduzir os requisitos de energia e de recursos de memória das aplicações de software e, por conseguinte, não estão limitadas a uma plataforma específica [31].

4.4. Mapeamento adaptativo de tarefas

O módulo de programação decide quando a tarefa pode ser executada devido a dependências de dados. Além disso, quando uma tarefa está pronta, apenas uma unidade funcional de destino é selecionada de entre várias opções. O esquema de mapeamento de tarefas deve decidir o objetivo de cada serviço, tal como descrito no Algoritmo 1.

Cada unidade funcional tem a sua própria memória privada, não partilhada com outras unidades. As tarefas com os dados de E/S necessários são geradas pelas mensagens através de interligações de hardware, por exemplo, FSL na demonstração deste artigo. Uma vez que as tarefas neste documento são puramente funcionais, os parâmetros de várias tarefas são sincronizados nos métodos de sincronização.

Algoritmo 1: Algoritmo de escalonamento e mapeamento de tarefas

Entrada: Conjunto de tarefas gerado T

Saída: Conjunto de IDs de servidor para cada tarefa S

```
Para cada t € T do
Snum= Número de serviço válido (código LOp)
                    // obter servidores candidatos
Trocar (snum)
Caso: snum = 0                          // não há servidores
disponíveis
Devolver nulo;
Caso: snum = 1                          // apenas um disponível
adicionar s ao conjunto de IDs do servidor
retornar s;
por defeito:
for j=0 to snum do
Tacabamento          Esperar+ Execução+ Ttransferir
// Tempo de execução do cálculo
fim
Selecionar o S com o mínimo de Toverall
// Selecionar um servidor de destino
Adicionar s ao conjunto de IDs do servidor
Fim
```

O middleware proposto fornece métodos de sincronização implícitos. Uma barreira de sincronização implícita é configurada no final das regiões paralelas automáticas, antes dos códigos de saída. Por exemplo, se as funções de saída do programa principal quiserem imprimir os resultados (e.g., Printf) no final de uma região paralela automática, esperam automaticamente até que todas as funções anotadas estejam concluídas. No momento da redação deste artigo, o middleware OoO pode lidar com sincronizações entre todas as funções definidas na biblioteca de funções [32].

Além disso, quando os resultados são devolvidos através do barramento FSL, o processador escalonador está a executar as tarefas subsequentes; por conseguinte, é emitido um sinal de interrupção para parar o programa principal. Para suporte de hardware aos mecanismos de interrupção, está integrado na plataforma de hardware um controlador de interrupções, que regista os eventos de interrupção para todas as ligações FSL.

CAPÍTULO 5
AMBIENTE DE DESENVOLVIMENTO

REQUISITO DE SOFTWARE

> Ferramenta de síntese:

Xilinx ISE 14.2

> Língua utilizada :

Verilog HDL

5.1 Ferramenta de síntese

5.1.1 Xilinx ISE - Introdução

Durante duas décadas e meia, a Xilinx tem estado na vanguarda da revolução da lógica programável, com a invenção e migração contínua da tecnologia da plataforma FPGA. Durante esse tempo, o papel da FPGA evoluiu de um veículo para prototipagem e lógica de cola para uma alternativa altamente flexível aos ASICs e ASSPs para uma série de aplicações e mercados. Hoje em dia, as FPGAs da Xilinx® tornaram-se estrategicamente essenciais para as empresas de sistemas de classe mundial que esperam sobreviver e competir nestes tempos de extrema instabilidade económica global, transformando o que antes era a revolução programável no "imperativo programável", tanto para a Xilinx como para os nossos clientes.

Imperativo programável

Quando visto da perspetiva do cliente, o imperativo programável é a necessidade de fazer mais com menos, de eliminar o risco sempre que possível e de se diferenciar para sobreviver. Essencialmente, é a procura de satisfazer simultaneamente as exigências contraditórias criadas por requisitos de produtos em constante evolução (ou seja, custo, potência, desempenho e densidade) e desafios comerciais crescentes (ou seja, janelas de mercado cada vez mais reduzidas, exigências inconstantes do mercado, orçamentos de engenharia limitados, custos de engenharia não recorrentes de ASIC e ASSP cada vez maiores, complexidade crescente e risco acrescido). Para a Xilinx, o imperativo programável representa um compromisso duplo. O primeiro é continuar a desenvolver inovações em silício programável em todos os nós de processamento que ofereçam um valor líder na indústria para todos os índices de mérito em relação aos quais os FPGAs são medidos: preço, potência, desempenho, densidade, funcionalidades e programabilidade. O segundo compromisso é fornecer aos clientes plataformas de design mais simples, mais inteligentes e mais estrategicamente viáveis para a criação de soluções baseadas em FPGA de classe mundial numa grande variedade de indústrias, o que a Xilinx chama de plataformas de design direcionadas.

Plataforma de base

A plataforma de base é o veículo de entrega de todas as novas ofertas de silício da Xilinx e a base sobre a qual são construídas todas as plataformas de design direcionadas da Xilinx. Como tal, é a plataforma mais fundamental utilizada para desenvolver e executar aplicações de software e projectos de hardware específicos do cliente como soluções de sistemas de produção. Lançada no lançamento, a plataforma base compreende um conjunto robusto de elementos bem integrados, testados e direcionados que permitem aos clientes iniciar imediatamente um projeto. Estes elementos incluem:

> Silício FPGA

> Ambiente de design do ISE® Design Suite

> Ferramentas de síntese, simulação e integridade de sinal de terceiros

> Desenhos de referência comuns a muitas aplicações, tais como interface de memória e desenhos de configuração.

> Placas de desenvolvimento que executam os desenhos de referência

> Um conjunto de IP amplamente utilizado, como GigE, Ethernet, controladores de memória e PCI.

Plataforma específica do domínio

A próxima camada na hierarquia da plataforma de design direcionado é a plataforma específica de domínio. Lançada três a seis meses após a plataforma de base, cada plataforma específica de domínio visa um dos três principais perfis de utilizadores (domínios) de FPGA da Xilinx: o programador de processamento incorporado, o programador de processamento de sinais digitais (DSP) ou o programador de lógica/conetividade. É aqui que começam a surgir o verdadeiro poder e a intenção da plataforma de design selecionada. As plataformas específicas de domínio aumentam a plataforma de base com um conjunto previsível, fiável e inteligentemente direcionado de tecnologias integradas, incluindo:

> Metodologias e ferramentas de conceção de nível superior
> IP incorporado, DSP e de conetividade específicos do domínio
> Hardware de desenvolvimento específico do domínio e placas filhas
> Desenhos de referência optimizados para processamento incorporado, conetividade e DSP
> Sistemas operativos (necessários para o processamento incorporado) e software

Todos os elementos destas plataformas são testados, direcionados e suportados pela Xilinx e/ou pelos nossos parceiros do ecossistema. Iniciar um projeto com a plataforma específica do domínio adequado pode reduzir semanas, se não meses, do tempo de desenvolvimento do utilizador.

Plataforma específica do mercado

Uma plataforma específica do mercado é uma combinação integrada de tecnologias que permite aos programadores de software ou hardware criar e executar rapidamente a sua aplicação ou solução específica. Criadas para utilização em mercados específicos, como o automóvel, o do consumidor, o militar/aéreo, o das comunicações, o AVB ou o ISM, as plataformas específicas do mercado integram as plataformas de base e de domínio específico e fornecem elementos de nível superior que podem ser aproveitados por concepções de software e hardware específicas do cliente. A plataforma específica do mercado pode basear-se mais fortemente na PI orientada de terceiros do que as plataformas de base ou específicas do domínio. A plataforma específica de mercado inclui: as plataformas de base e específicas de domínio, designs de referência e placas (ou placas-filhas) para executar designs de referência optimizados para um determinado mercado (por exemplo, sistemas de aviso prévio de saída da faixa de rodagem, análise e processamento de ecrãs). A Xilinx começará a lançar plataformas específicas de mercado três a seis meses após as plataformas específicas de domínio, aumentando as plataformas específicas de domínio com designs de referência, PI e software destinados aos principais mercados em crescimento. Inicialmente, a Xilinx visará mercados como o das Comunicações, Automóvel, Vídeo e Ecrãs com elementos de plataforma que abstraem as partes mais mundanas do design, reduzindo assim ainda mais o esforço de desenvolvimento do cliente para que este possa concentrar a sua atenção na criação de valor diferenciado na sua solução final. Essa estratégia sistemática de desenvolvimento e lançamento de plataforma fornece a estrutura para o cumprimento consistente e eficiente do imperativo programável tanto pela Xilinx quanto por seus clientes.

Facilitadores da plataforma

A Xilinx instituiu uma série de alterações e melhorias que contribuíram substancialmente para a viabilidade da plataforma de design visada. Essas alterações que possibilitam a plataforma abrangem seis áreas principais:

> Melhorias no ambiente de conceção.
> Criação de IP com capacidade de socket.

> Novas concepções de referência específicas.
> Estratégia de kit e placa unificada escalável.
> Expansão do ecossistema.
> Serviços de conceção que apoiam a abordagem da plataforma de conceção orientada.

Melhorias no ambiente de conceção

Com a amplitude dos avanços e das capacidades que os dispositivos programáveis Virtex®-6 e Spartan®-6 oferecem, juntamente com o acesso proporcionado pelas plataformas de conceção específicas associadas, já não é viável que um fluxo ou ambiente de conceção se adeqúe às necessidades de todos os projectistas. Os projectistas de sistemas, os projectistas de algoritmos, os codificadores de SW e os projectistas lógicos representam, cada um deles, um perfil de utilizador diferente, com requisitos únicos para uma metodologia de conceção e um ambiente de conceção associado. Em vez de abordar o problema em termos de ferramentas fixas individuais, a Xilinx visa a metodologia necessária ou preferida de cada utilizador, para resolver.

As suas necessidades específicas com o fluxo de conceção adequado. A este nível, a linguagem de projeto muda de HDL (VHDL/Verilog) para C, C++, software MATLAB® e outras linguagens de nível superior, que são mais amplamente utilizadas por estes projectistas, e a abstração do projeto passa do nível de bloco ou componente para o nível de sistema. O resultado é uma metodologia e um fluxo de conceção completo, adaptado a cada perfil de utilizador, que permite a criação, a implementação e a verificação da conceção. Indicando a complexidade do problema, para compreender plenamente o perfil do utilizador de um "designer lógico", é necessário considerar os vários níveis de especialização representados por este grupo demográfico. A categoria mais básica deste perfil é o "utilizador que carrega no botão", que pretende concluir um projeto com um mínimo de trabalho ou de conhecimentos.

O utilizador que carrega no botão só precisa de resultados "suficientemente bons". Em contrapartida, os utilizadores mais avançados pretendem um certo nível de capacidades interactivas para extrair mais valor do seu projeto, e o "utilizador avançado" (o perito) pretende ter controlo total sobre um vasto conjunto de variáveis. Se acrescentarmos os projectistas de ASIC tradicionais, que têm a tarefa de migrar os seus projectos para uma FPGA (uma tendência crescente, dados os custos e riscos intoleráveis que o desenvolvimento de ASIC representa atualmente), é evidente que a Xilinx tem de oferecer fluxos e ferramentas orientados para os requisitos e capacidades de cada utilizador, nos seus termos. A versão mais recente do ISE Design Suite inclui numerosas alterações que satisfazem requisitos especificamente pertinentes para a plataforma de conceção visada. A nova versão apresenta uma cadeia de ferramentas completa para cada perfil de utilizador de nível superior (as personas específicas do domínio: os designers incorporados, de DSP e de lógica/conetividade), incluindo acomodações específicas para todos, desde o utilizador de botões de pressão até ao designer de ASIC.

A maior integração dos fluxos incorporados e de DSP permite uma integração mais perfeita de designs que contêm blocos incorporados, de DSP, de IP e de utilizador num único sistema. Para aumentar ainda mais a produtividade e ajudar os clientes a gerenciar melhor a complexidade de seus projetos, o novo ISE Design Suite permite que os projetistas visem área, desempenho ou potência simplesmente selecionando um objetivo de projeto na configuração. As ferramentas aplicam então optimizações específicas para ajudar a atingir o objetivo do projeto. Além disso, o ISE Design Suite apresenta tempos de execução de place-and-route e de simulação substancialmente mais rápidos, proporcionando aos utilizadores tempos de compilação 2 vezes mais rápidos. Por fim, a Xilinx adotou a estratégia de licenciamento FLEXnet, que fornece uma licença flutuante para acompanhar e monitorar o uso.

Ferramentas de desenho Xilinx ISE:

Xilinx ISE é a ferramenta de conceção fornecida pela Xilinx. A Xilinx seria praticamente idêntica para os nossos objectivos.

Existem quatro passos fundamentais em todos os projectos de lógica digital. Estes consistem em:

1. Desenho - O esquema ou código que descreve o circuito.
2. Síntese - A conversão intermédia da descrição do circuito legível por humanos para o formato de código FPGA (EDIF). Envolve a verificação da sintaxe e a combinação de todos os ficheiros de design separados num único ficheiro.
3. Place & Route - Onde o layout do circuito é finalizado. É a tradução do EDIF em portas lógicas na FPGA.
4. Programar - A FPGA é actualizada para refletir o design através da utilização de ficheiros de programação (.bit).

A simulação em banco de ensaio é o segundo passo. Tal como o nome indica, é utilizada para testar o projeto, simulando o resultado da condução das entradas e observando as saídas para verificar o projeto.

O ISE tem a capacidade de efetuar uma variedade de metodologias de conceção diferentes, incluindo: Captura Esquemática, Máquina de Estado Finito e Linguagem Descritiva de Hardware (VHDL ou Verilog).

5.2. Língua utilizada

5.2.1 Linguagem HDL

HDL é uma linguagem de descrição de hardware (HDL). Uma linguagem de descrição de hardware é uma linguagem utilizada para descrever um sistema digital, por exemplo, um computador ou um componente de um computador. Pode descrever-se um sistema digital a vários níveis. Por exemplo, uma HDL pode descrever a disposição dos fios, resistências e transístores num chip de circuito integrado (IC), ou seja, ao nível do interrutor. Ou pode descrever as portas lógicas e os flip flops num sistema digital, ou seja, o nível da porta. Um nível ainda mais elevado descreve os registos e as transferências de vectores de informação entre registos. É o chamado nível de transferência de registos (RTL). O Verilog suporta todos estes níveis. No entanto, este folheto concentra-se apenas nas partes do Verilog que suportam o nível RTL.

CAPÍTULO 6
RESULTADOS DA SIMULAÇÃO

6.1 Trabalhos existentes

Relatório de área

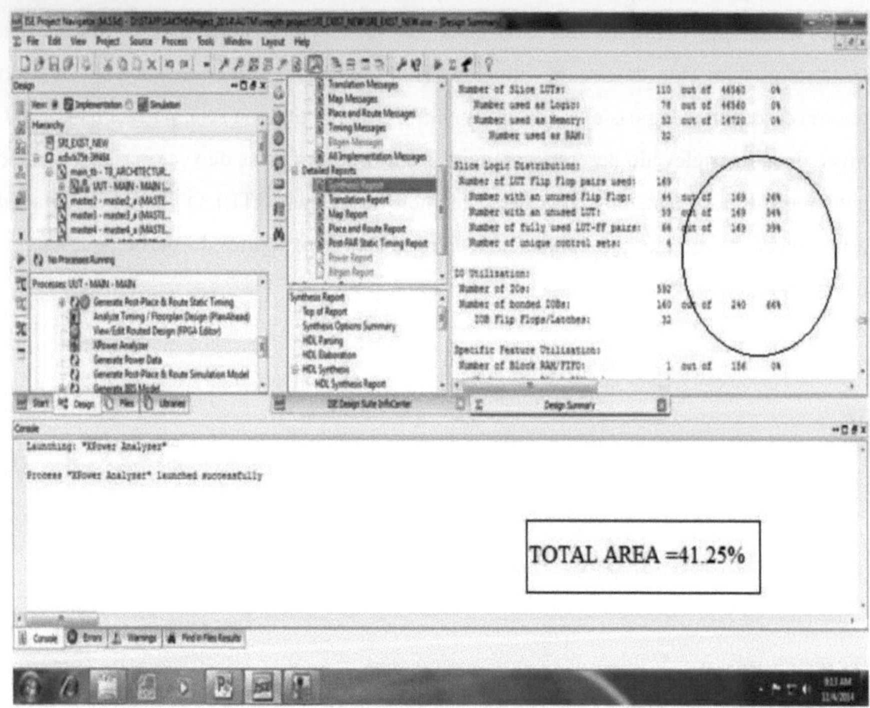

Figura 6.1 Relatório de área para o sistema existente

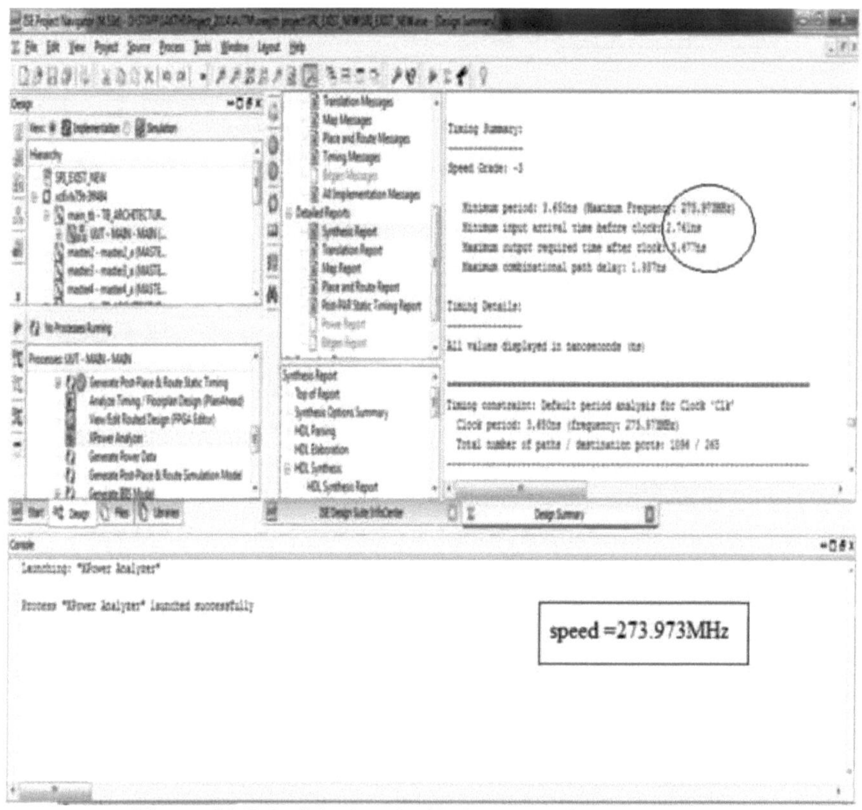

Figura 6.2 Relatório de velocidade para o sistema existente

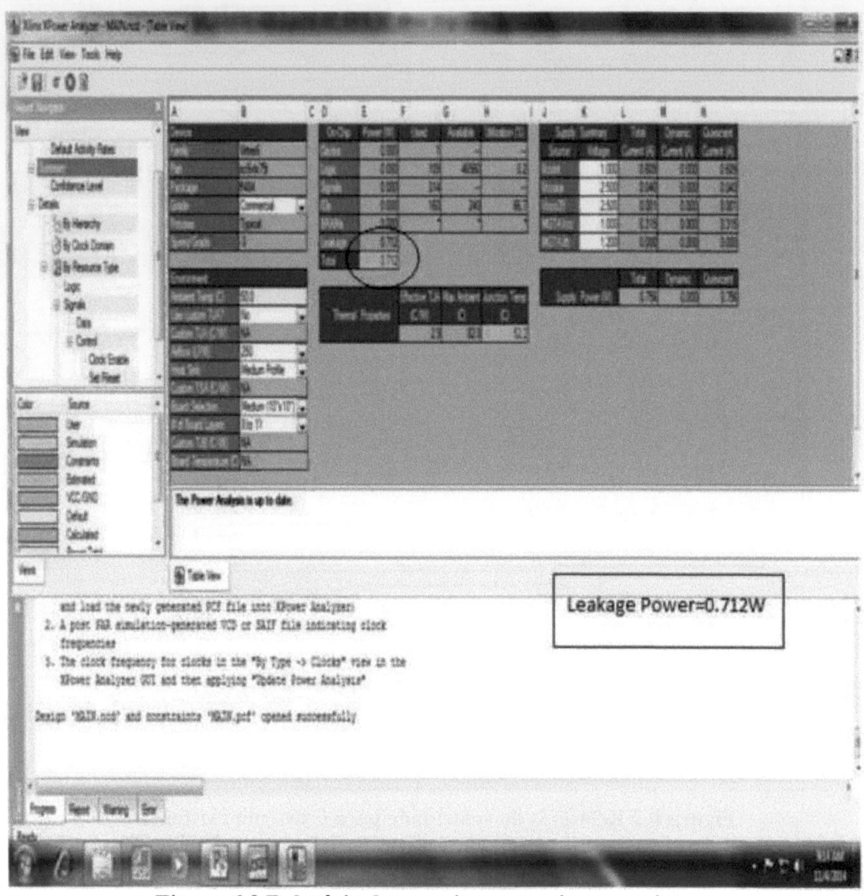

Figura 6.3 Relatório de energia para o sistema existente

Potência total =0,712* (66,9/100) =0,47632W

6.2 Trabalho proposto

Relatório de área

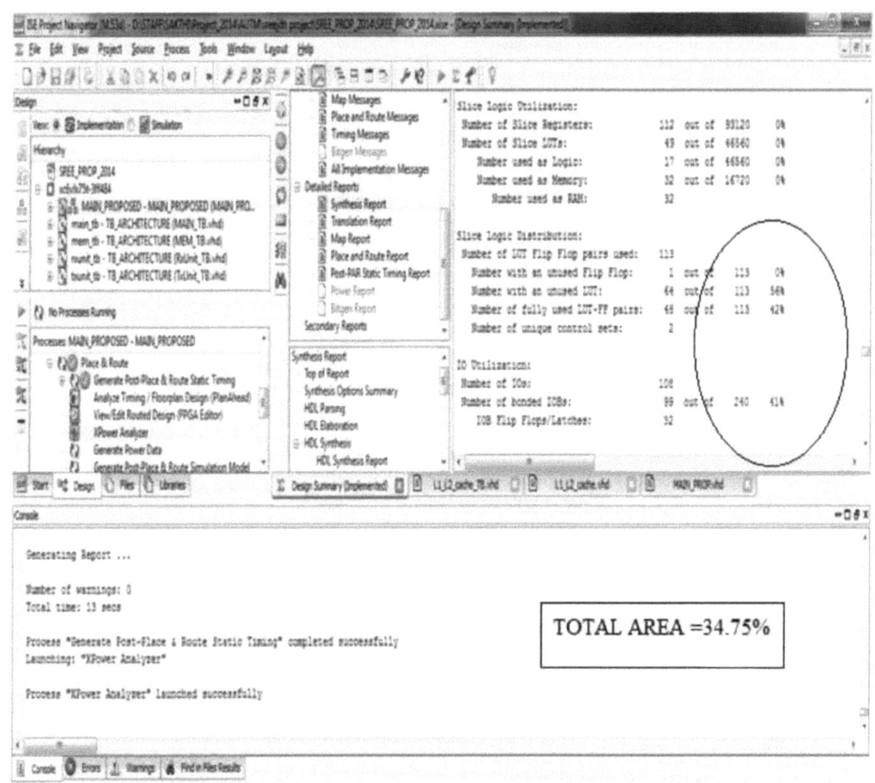

Figura 6.4 Relatório de área para o sistema proposto

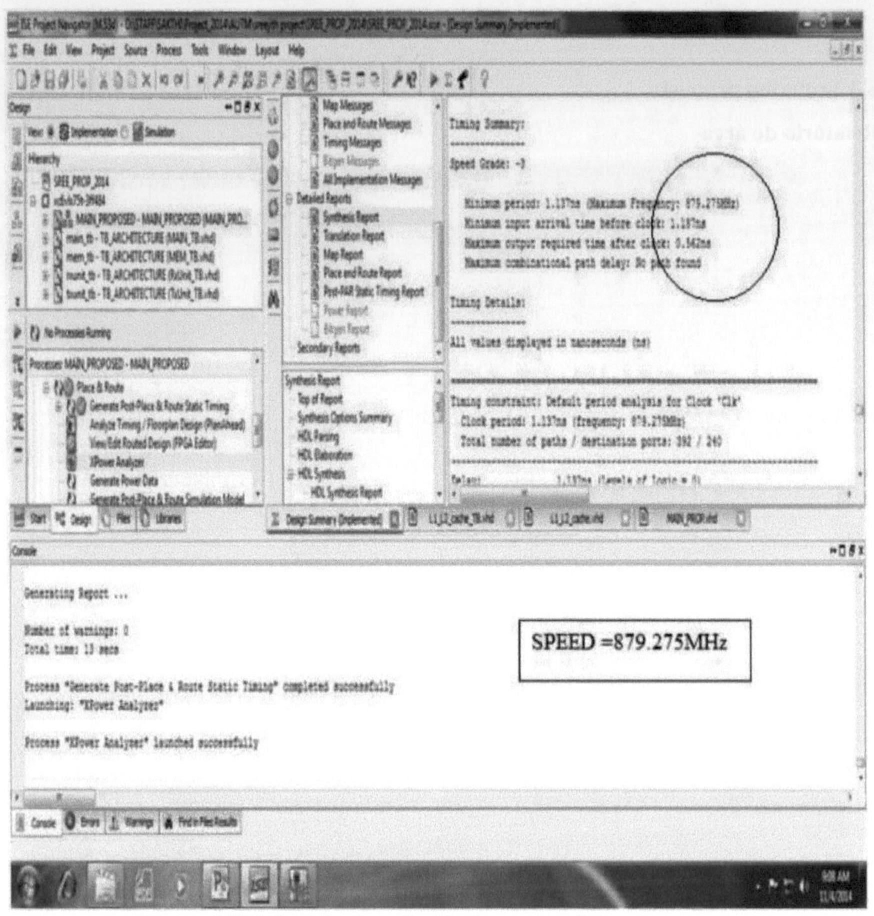

Figura 6.5 Relatório de velocidade para o sistema proposto

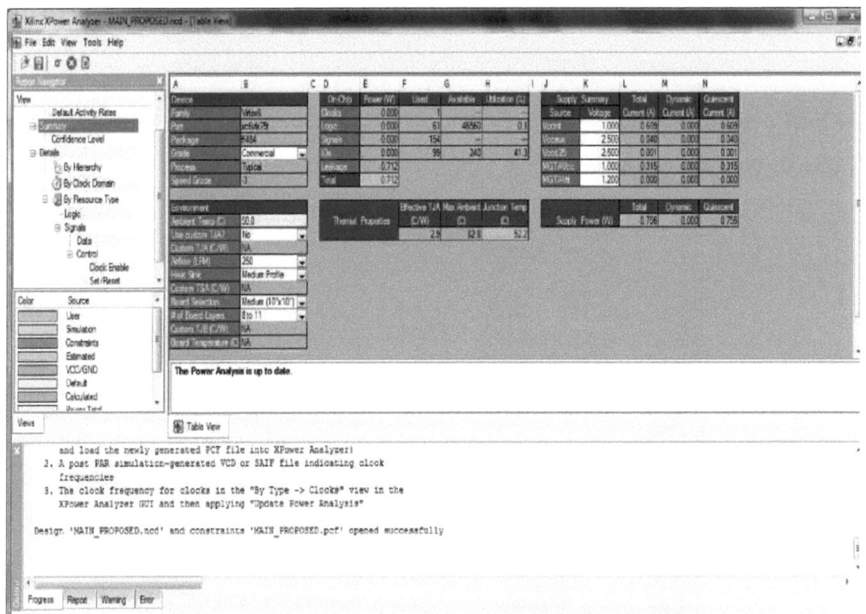

Figura 6.6 Relatório de potência do sistema proposto

Potência total =0,712 * (66,9/100) =0,29476W

Tabela 6.1 Tabela de comparação entre o sistema existente e o sistema proposto

MEHODOLOGIA	ÁREA	VELOCIDADE	CONSUMO DE ENERGIA
Programação baseada em fuzzy	34.75%	879.275MHz	41.4% (0.29476W)
Programação baseada em token	41.25%	273.973MHz	66.9% (0.47632W)

6.3 Gráfico de comparação

Gráfico de comparação de áreas

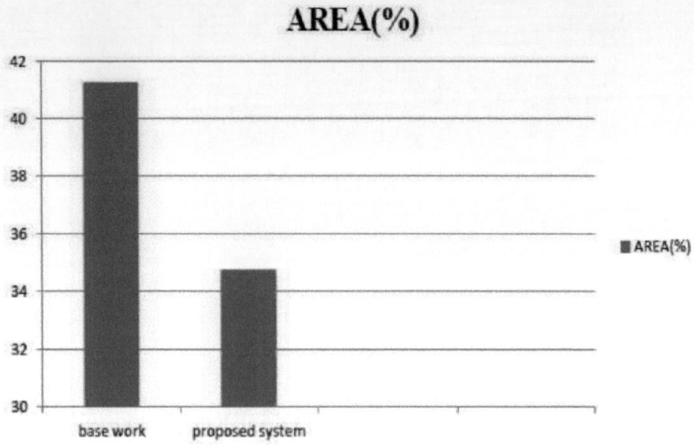

Figura 6.7Gráfico de comparação de áreas

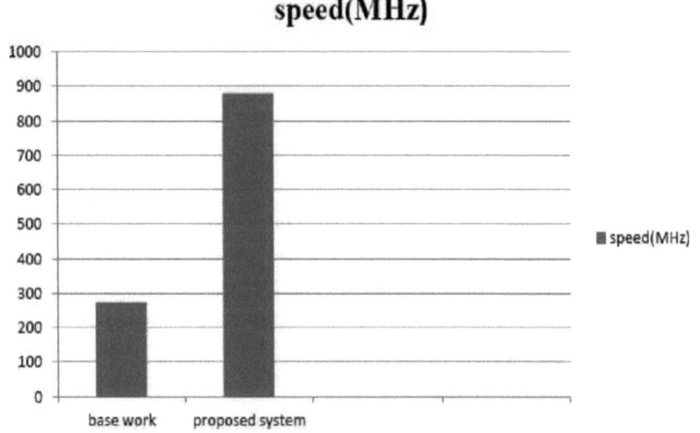

Figura 6.8 Gráfico de comparação de velocidades

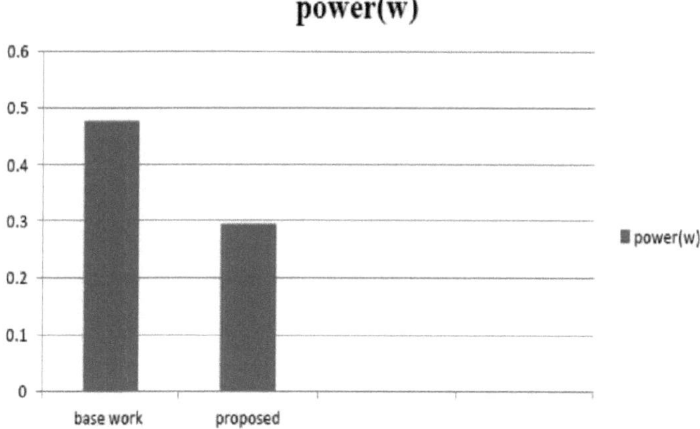

Figura 6.9 Gráfico de comparação de potência

CAPÍTULO 7
CONCLUSÃO

7.1 Conclusão

Neste projeto é utilizada uma lógica fuzzy para aceder ao MPSoC que está presente no middleware. Em comparação com o trabalho de base, o sistema proposto atingiu alguns objectivos. O objetivo é aumentar a velocidade de funcionamento e reduzir a área e a potência consumida.

> A velocidade é aumentada em 220,934%

> O consumo de energia é reduzido em 38,134%

> A área é reduzida em 15,7575%

Foram introduzidos vários objectivos de otimização e métricas para a construção de uma árvore de decisão, tendo sido discutidos os seus efeitos no resultado global. As partes heterogéneas mas relativamente estáticas de uma base de regras são tratadas na estrutura em árvore, enquanto as partes homogéneas e em rápida mutação da base de regras são avaliadas por uma tabela de pesquisa ou por outros classificadores especializados. As sub-árvores isomórficas são fundidas numa única instância, transformando a árvore de decisão num DAG para poupar memória.

7.2 Trabalho futuro

O próximo nível de melhoria é a implementação do sistema baseado em FPGA e encontrar outra nova técnica para a implementação do planeamento em MPSoC que suporte a execução de tarefas fora de ordem.

REFERÊNCIAS

1. Chao Wang, Xi Li, Junneng Zhang, Peng Chen, Yunj Chen, Xuehai Zhou, RAY *C.C.* Cheung" Architecture Support for Task Out-of-order Execution in MPSoCs" IEEE transactions on computers, janeiro de 2014.

2. Scott Hauck , Thomas W. Fry, Matthew M. Hosier, e Jeffrey P. Kao -The Chimaera Reconfigurable Functional Unit" IEEE TRANSACTIONS on very large scale integration (VLSI) systems, Vol 12, No. 2, fevereiro de 2004.

3. Kuzmanov, G., Gaydadjiev, G., & Vassiliadis. S, -The MOLEN processor prototype" 12th Annual IEEE Symposium on in Field-Programmable Custom Computing Machines, FCCM, pp. 296-299, abril de 2004.

4. Cesare Ferri, Tali Moreshet, R. Iris Bahar, Luca Benini, e Maurice Herlihy -A Hardware/Software Framework for supporting Transactional Memory in a MPSoC Environment " IEEE conference No. 39-48 , Oct. 2007.

5. Amit Kumar Singh, Wu Jigang, Alok Prakash Thambipillai Srikanthan- Mapping Algorithms for NoC-based heterog-eneous MPSoC Platforms" 12th Euromicro Conference on Digital System Design / Architectures Methods and Tools 2009.

6. N. Ventroux, T. Sassolas, R. David, G. Blanc, A. Guerre e C. Bechara -Sesam extension for fast mpsoc architectural exploration and dynamic streaming applications "IEEE conference No.341-346 Sept. 2010.

7. Hansu Cho, Membro, IEEE, Lochi Yu, Membro, IEEE, e Samar Abdi, Membro, IEEE, - Automatic Generation of Transducer Models for Bus-Based MPSoC Design", IEEE Transactions on Computers, vol. 62, n.º 2, fevereiro de 2013.

8. Daniel Y. Deng, Daniel Lo, Greg Malysa, Skyler Schneider e G. Edward Suh -Flexible and Efficient Instruction-Grained Run-Time Monitoring Using On Chip Reconfigurable Fabric" 43rd Annual IEEE/ACMInternational Simpósio sobre Microarquitectura 2010.

9. Yoav Etsion, Felipe Cabarcas, Alejandro Rico, Alex Ramirez, Rosa M Badia -Task Superscalar: An Out of- Order Task Pipeline" 43rd Annual IEEE/ACM International Symposium on Microarchitecture 2010.

10. Aparna Kotha, Kapil Anand, Matthew Smithson, Greehma Yellareddy e Rajeev Barua - Automatic Parallelization in a Binary Rewriter" 43rd Annual IEEE/ACM International Symposium on Microarchitecture 2010.

11. Christian El Salloum, Martin Elshuber, Oliver Höftberger, Haris Isakovic, Armin Wasicek -The ACROSS MPSoC - A New Generation of Multi-Core Processors designed for Safety-Critical Embedded Systems" IEEE conference on didital system design (DSD). setembro de 2012.

12. Fernando G. Moraes, Guilherme A. Madalozzo, Guilherme M. Castilhos, Everton A. Carara -Proposta e Avaliação de um Protocolo de Migração de Tarefas para MPSoCs baseados em NoCs" IEEE conference on circuits and systems, May 2012.

13. Theodoropoulos, Dimitris, Polyvios Pratikakis e Dionisios Pnevmatikatos. "Suporte de tempo de execução eficiente para MPSoCs incorporados". Conferência Internacional do IEEE sobre Sistemas Informáticos Incorporados: Arquitecturas, Modelação e Simulação (SAMOS XIII), 2013.

14. Christian El Salloum, Martin Elshuber, Oliver Höftberger, Haris Isakovic, Armin Wasicek -Automatic Extraction of Task-Level Parallelism for Heterogeneous MPSoCs" 42nd International Conference on Parallel Processing, 2013.

15. Gupta, G. e G.S. Sohi. -Dataflow execution of sequential imperative programs on multicore architectures" 44th Annual IEEE/ACM International Symposium on Microarchitecture. Porto Alegre, Brasil: ACM.2011.

16. Hayashi, A., Y. Wada, T. Watanabe, et al. -Parallelizing compilerframework and API for power reduction and software productivity of real-time heterogeneous multicores." in Proceedings of the 23rd international conference on Languages and compilers for parallel computing. Houston, TX: Springer Verlag.2010.

17. J.A.Kahle, M.N.Day, H.P.Hofstee, et al., -Introdução ao multiprocessador Cell". IBM Journal of Research and Development, 2005.

18. Taylor, M.B., J. Kim, J. Miller, -The Raw microprocessor: a computational fabric for software circuits and general-purpose programs". Micro, IEEE, 2002. 22(2): p. 25-35.

19. Hammond, L., B.A. Hubbert, M. Siu, -The Stanford Hydra CMP". IEEE Micro, 2000. 20: p. 71 - 84.

20. Swanson, S., K. Michelson, A. Schwerin, et al. Wave Scalar. Em Intl. Symp. on Microarch. 2003.

21. Sankaralingam, Karthikeyan . "Protocolos microarquitectónicos distribuídos no protótipo de processador TRIPS". 39º Simpósio Internacional Anual IEEE/ACM sobre Microarquitectura, IEEE- MICRO-39, 2006.

22. Jamali, Mohammad Ali Jabraeil, e Ahmad Khademzadeh. "MinRoot e CMesh: Interconnection Architectures for Network-on-Chip Systems" [Arquitecturas de interconexão para sistemas de rede em chip]. Academia Mundial de Ciência, Engenharia e Tecnologia 54 (2009): 354-359.

23. Loghi, Mirko, et al. "Analyzing on-chip communication in a MPSoC environment". Actas da conferência sobre Design, automação e teste na Europa-Volume 2. IEEE Computer Society, 2004.

24. E. Cheung, H. Hsieh e F. Balarin, "Simulação de desempenho rápida e precisa de software incorporado para MPSoC", em Proc. Conf. ASP-DAC, 2009, pp. 552557.

25. A. A. Jerraya, A. Bouchhima e F. Petrot, "Modelos de programação e abstração de interfaces HW-SW para SoC multiprocessador", em Proc. Conf. DAC, 2006, pp. 280-285.

26. C. Wang, P. Chen, X. Li, X. Feng, J. Zhang e X. Zhou. -Detectando riscos de dados em sistemas em chip multiprocessadores em FPGA", Workshops IPDPS, pp. 282-287, 2012.

27. C. Wang, J. Zhang, X. Zhou, X. Feng, e X. Nie, -SOMP: Service oriented multi processors," in Proc. IEEE Int. Conf. Computação de Serviços, 2011, pp. 709-716.

28. N. E. J. Sheng Ma e Z. Wang, -DBAR: Um algoritmo de encaminhamento eficiente para suportar múltiplas aplicações simultâneas em redes em chip," in Proc. 38th Annu. Int. Symp. Comput. Archit., 2011, pp. 413-424.

29. Beigne, Edith, Ivan Miro-Panades, Yvain Thonnart, Laurent Alacoque, Pascal Vivet, Suzanne Lesecq, Diego Puschini "A fine grain variation-aware dynamic

Arquitetura AVFS com salto de Vdd em um GALS MPSoC de 32 nm". Em ESSCIRC (ESSCIRC), 2013 Proceedings of the, pp. 57-60. IEEE, 2013.

30. Brandstatter, Siegfried, e Mario Huemer. "Uma nova interface MPSoC e arquitetura de controle para transceptores de RF multipadrão." Access, IEEE 2, pp. 771-787, 2014.

31. Shen, Hao, Mian-Muhammad Hamayun e Frédéric Pétrot. "Simulação nativa de MPSoC usando virtualização assistida por hardware". " IEEE Transactions on Computer-Aided Design of Integrated Circuits and Systems, no. 7, pp. 1074-1087,2011.

32. Alceu Carara, Everton, Ney Laert Vilar Calazans, e Fernando Gehm Moraes. "Serviços de comunicação diferenciados para MPSoCs baseados em NoC". IEEE Transactions on Computers, Vol.63, Issue. 3 pp. 595-608, 2014.

24. H. Chenaf, H. Hanafi e F. Baturin, "Simulação de desempenho rápido e precisa de software incorporado para MPSoC", em Proc. Conf. ASP-DAC, 2009, pp. 552-557.

25. A. Petraye, A. Bouchhima, F. Pétrot, "Modelos de programação e abstração de interfaces HW-SW para uma [illegible]", em Proc. Conf. DAC, 2006, pp. 280-285.

26. G. Wang, [illegible], X. Li, X. Leng, [illegible] Zhang e X. [illegible]. Desconfiança de [illegible] [illegible] em [illegible] Workshop [illegible], pp. [illegible]

27. [illegible] Zhang, X. [illegible] [illegible] 2011, pp. [illegible]

28. [illegible]

29. [illegible] Laurent [illegible]

30. [illegible] pp. [illegible]

31. [illegible]

Printed by Books on Demand GmbH, Norderstedt / Germany